大气田开发规划技术指标预测方法

孙玉平　陆家亮　唐红君　李俏静　著

石油工业出版社

内 容 提 要

本书围绕常规气和页岩气开发规划技术指标规律和预测方法展开介绍。内容包括国内外常规气田开发概况、大气田开发指标影响因素描述、不同类型大气田开发规划指标规律、四种规划技术指标预测新方法和大气田预测系统软件功能介绍及应用情况。

本书供从事常规气和页岩气田开发动态跟踪、开发方案编制和开发规划编制的人员参考。

图书在版编目（CIP）数据

大气田开发规划技术指标预测方法 / 孙玉平等著 .
— 北京：石油工业出版社，2023.6
ISBN 978–7–5183–4902–9

Ⅰ . ①大… Ⅱ . ①孙… Ⅲ . ①气田开发 – 技术 – 中国
Ⅳ . ① TE37

中国国家版本馆 CIP 数据核字（2023）第 102893 号

出版发行：石油工业出版社
　　　　（北京安定门外安华里 2 区 1 号　　100011）
　　　　网　　址：www.petropub.com
　　　　编辑部：（010）64249707
　　　　图书营销中心：（010）64523633
经　　销：全国新华书店
印　　刷：北京中石油彩色印刷有限责任公司

2023 年 6 月第 1 版　　2023 年 6 月第 1 次印刷
787 × 1092 毫米　开本：1/16　印张：7.75
字数：190 千字

定价：65.00 元
（如发现印装质量问题，我社图书营销中心负责调换）

《大气田开发规划技术指标预测方法》
编 写 组

组　　长：孙玉平

副 组 长：陆家亮　　唐红君　　李俏静

成　　员：张静平　　关春晓　　刘素民　　刘文平　　王亚莉

　　　　　张晓伟　　于荣泽　　王　正　　王玫珠　　郭　为

　　　　　王　莉　　马惠芳　　赵素平　　孔金平　　牛文特

PREFACE 前 言

在中国天然气大发展的过程中，大气田发挥了无可替代的作用。截至 2015 年底，中国石油共探明地质储量大于 $300×10^8m^3$ 的大型气田 39 个，地质储量合计 $6.86×10^{12}m^3$，占总储量的 86.45%，大气田在天然气开发中占据了举足轻重的地位。大型气田不仅是天然气上产的主力，同时还承担着天然气季节性调峰和战略储备的重任，因此高效开发大气田对于保障中国的能源供给具有重要意义。

关键技术指标是大气田开发规划的基础，包括采气速度、稳产期、稳产期末采出程度、递减率和采收率，气田开发指标取值合理有助于实现气田的高效开发。然而，受主观和客观多种因素限制，大气田特别是那些尚未规模开发动用的气田，其开发指标的有效确定方法有限。开发指标受多重因素影响，这些影响因素是什么，哪些是主要因素，考虑主要因素时开发指标如何取值，这些是大型气田开发关键指标研究需要解决的问题。

本书结合理论推导、矿场统计和数值模拟等多种方法分析确定了开发指标主要影响因素，基于主控因素对气田进行分类并总结了每类气田开发指标规律，建立了开发指标预测新方法。取得的主要认识和结论有：（1）分析了影响气田开发指标的 23 个因素，明确了渗流能力、驱动类型和储层产状是最敏感的因素。以开发指标预测为目标、以开发指标主控因素为导向，将大型气田细分为碳酸盐岩、中高渗透碎屑岩、中低渗透碎屑岩和低渗透致密碎屑岩气田四个亚类，并进一步论证了每类气田开发规划技术指标影响因素和指标分布规律。（2）形成了基于欧几里得定理的开发指标类比预测方法，建立了开发指标概率取值新方法，发展完善了开发指标经验公式预测方法，以上系列方法在系统性、实用性、有效性方面均较常规方法有较大提高。（3）集成了气田开发指标体系预测方法，研发了一套具有自主知识产权的气田开发指标预测软件系统，能够根据主要地质参数预测不同类型气田采气速度、稳产期、递减率和采收率等关键开发指标，预测精度在 80% 以上，实现了由单因素预测到多因素预测开发指标的转变，满足国内大部分气田开发指标评价需要。（4）利用软件系统计算了中国石油气田合理开发指标大小，分析了国内天然气开发存在差异的原因主要集中在储量评价、地质认识和管理对策三大方面，重点是储量动用程度低、地质认识存在风险、气井配产不合理造成过早见水等。针对这些问题，提出了国内气田科学开发的四条对策及建议。

此外，近年中国相继探明了长宁、威远、昭通、涪陵和威荣等一批大型页岩气田，页岩气开发进入快速发展期，丰富了大气田研究内涵。页岩气田从地质到开发均有别于常规气田，为此笔者依托承担的国家及油公司研究任务，提出了基于可布井数的页岩气开发潜力分析方法，并对新方法的关键指标规律进行了分析论证。

在本书撰写过程中得到了黄延章教授、万玉金教授的帮助和建议，在此表示最诚挚的感谢！由于笔者经验和水平有限，书中难免有不妥之处，敬请读者批评指正。

CONTENTS 目 录

第1章 世界大气田概况

关于大气田的定义，国内外仍缺乏统一的标准。在国内，将地质储量大于 $300×10^8m^3$ 的气田称为大型气田，行业标准 DZ/T 0217—2020《石油天然气储量计算规范》将天然气可采储量大于 $250×10^8m^3$ 的气田称为大型气田。在国外，美国地质家协会 AAPG 制订了油气田分类标准，将天然气最终可采储量超过 $3×10^{12}ft^3$，即 $850×10^8m^3$ 的气田称为大型气田，大约每十年公布一次有关世界范围内大型油气田研究报告。国外标准明显偏高，这与国外天然气资源丰富，储量规模大的气田数量较多有一定关系。为方便统计分析，本书将地质储量大于 $300×10^8m^3$ 或可采储量大于 $250×10^8m^3$ 的气田统称为大气田。通过广泛调研，获取各类气田 1.8 万个，合计可采储量 $249.79×10^{12}m^3$，并以此为基础形成了气田分析样本库。

1.1 发现历史

从过去一百多年世界各地大气田勘探发现历史看，大气田的发现具有一定的周期性，具体可以分为以下几个阶段。

1910—1929 年：主要发现于美国的阿纳达科盆地和墨西哥湾地区。

1930—1949 年：主要发现于中东波斯湾盆地。

1950—1959 年：世界各大洲 15 个盆地均有发现（如北非的哈西鲁迈拉）。

1960—1979 年：集中在北海、卡拉库姆和西西伯利亚盆地。

20 世纪 80 年代以后大约每十年出现一个新增探明储量高峰。

1980—1990 年：集中在北海盆地、中东和非洲中部，其中北海盆地 1989 年新增可采储量 $5.8×10^{12}m^3$，中东的伊朗 1989 年新增可采储量 $2.8×10^{12}m^3$，阿联酋 1986 年新增可采储量 $2.3×10^{12}m^3$，非洲的尼日利亚 1986 年新增可采储量 $1.1×10^{12}m^3$，此外在大洋洲（高更）、南美（秘鲁的萨马庭）也有新增可采储量发现。

1990—2015 年：集中在中东、中亚地区，新增储量具有多年勘探成果一年内集中公布的特点。其中 2001 年卡塔尔新增天然气可采储量 $11.4×10^{12}m^3$，从 $14.4×10^{12}m^3$ 增至 $25.8×10^{12}m^3$。2008 至 2011 年间，土库曼斯坦新增天然气可采储量 $15.2×10^{12}m^3$，其中 2008 年新增天然气可采储量 $5×10^{12}m^3$，2010 年新增 $2.9×10^{12}m^3$，2011 年新增 $7.3×10^{12}m^3$，新增储量主要来自南约罗坦—奥斯曼（South Iolotan-Osman）等气田。

从 1980 年至 2015 年全球年新增探明储量历史看，大约每十年会有一个发现高峰，周期性明显（图 1.1）。

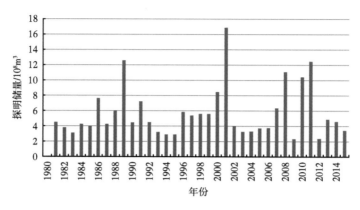

图 1.1　1980—2015 年全球年新增探明储量历史

1.2　地理分布

　　世界天然气资源地理分布极不均匀，大气田主要集中在少数几个国家。从统计的 17 个主要天然气资源国可以看出，这 17 个国家大气田数量占世界的 60%，储量占 88%（表 1.1）。

表 1.1　全球大气田国家分布统计

排序	国家	大气田个数	2P 储量合计 /10^{12}m^3	资源保障类型	2006 年生产和消费比 /%
1	俄罗斯	153	59.73	自产	146
2	伊朗	60	30.93	自产	100
3	美国	13	1.39	自产为主	85
4	澳大利亚	39	4.52	自产	160
5	乌兹别克	22	2.82	自产	130
6	印度尼西亚	33	4.47	自产	212
7	加拿大	16	0.87	自产	194
8	委内瑞拉	37	4.6	自产	100
9	土库曼斯坦	25	3.91	自产	329
10	尼日利亚	64	3.19	自产	
11	挪威	28	3.14	自产	1990
12	英国	21	1.63	自产为主	89
13	中国	43	3.91	自产为主	104
14	阿尔及利亚	27	4.76	自产	365

续表

排序	国家	大气田个数	2P 储量合计 /10¹²m³	资源保障类型	2006 年生产和消费比 /%
15	沙特阿拉伯	32	5.26	自产	100%
16	阿根廷	18	1.02	自产	110%
17	卡塔尔	6	29.07	自产	260%
合计		637	165.22		

从盆地分布看，大气田主要集中在墨西哥湾、西西伯利亚、波斯湾、扎格罗斯、卡拉库姆、北海和卡那封七大盆地。

1.3　地质特征

国外大气田地质特征主要表现为：平均单个气田可采储量大，储量丰度高，发育多种圈闭类型，以构造圈闭为主，纵向多层，埋藏深度中浅—中深，储层以中高渗透率、中孔隙度为主，气藏形式多样，凝析气藏较多（表 1.2）。

对比国外大气田和中国石油大气田地质参数差异，可见我国气田开发面临两大挑战（图 1.2）：一是我国气田以低渗透率致密气藏为主，储层渗流能力差，单井产量低，大多面临经济有效开发难题；二是新发现大气田普遍埋藏较深，深层 / 超深层气田占比大，这类气田前期产能建设投资大，地质认识困难，工程施工要求苛刻，因此开发风险相对较大。

表 1.2　国外大气田和中国石油参数对比

参数	国外大气田	中国石油大气田
构造类型	构造、构造 + 地层	构造、地层
驱动类型	气驱、气驱为主 + 水驱	气驱、气驱 + 水驱
气体存在形式	凝析气藏、气藏、气顶	气藏、凝析气藏
平均可采储量 /10⁸m³	3558	945
平均丰度 /（10⁸m³/km²）	14	6.5
平均层数 / 个	13	8.5
平均埋藏深度 /m	2602	3538
平均孔隙度 /%	19	13
平均渗透率 /mD	488	23
平均压力系数	1.2	1.2
平均含水饱和度 /%	35	33

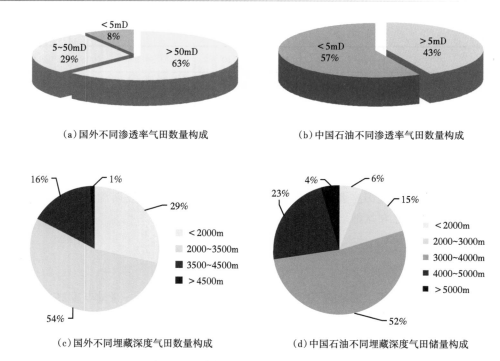

（a）国外不同渗透率气田数量构成　　　　　　（b）中国石油不同渗透率气田数量构成

（c）国外不同埋藏深度气田数量构成　　　　　　（d）中国石油不同埋藏深度气田储量构成

图 1.2　国内外气田渗透率与埋藏深度对比

1.4　储量规模

截至 2010 年底，全球可采储量大于 $8.5×10^{12}m^3$ 的气田共有 3 个，储量合计 $53×10^{12}m^3$，占世界的 21%；$8500×10^8 \sim 8.5×10^{12}m^3$ 气田 30 个，储量合计 $61×10^{12}m^3$，占 24%；$850×10^8 \sim 8500×10^8m^3$ 气田 322 个，储量合计 $69×10^{12}m^3$，占 28%。大于 $250×10^8m^3$ 气田 1065 个，储量合计 $215×10^{12}m^3$，占 83%。可见，大气田数量虽然不多，但单个大气田储量大，总体储量规模占比高，地位非常重要（表 1.3）。

表 1.3　全球气田储量统计（截至 2010 年底）

可采储量 /10^8m^3	气田个数	气田个数百分比 /%	可采储量合计 /10^8m^3	占世界储量百分比 /%
＞ 85000	3	0.02	533491.64	21.18
8500 ~ 85000	30	0.16	608924.59	24.18
850 ~ 8500	322	1.74	688888.97	27.35
100 ~ 850	1743	9.42	479215.66	19.03
10 ~ 100	5164	27.92	181703.9	7.22
1 ~ 10	5941	32.12	24438.21	0.97
＜ 1	5292	28.62	1652.95	0.07
合计	18495	100.00	2518315.92	100.00
＞ 250	1065	5.75	2148800.09	85.33

1.5　开发阶段

截至 2010 年底，世界天然气可采储量整体采出程度 34%，表明大部分气田仍处于开发早中期。按大气田开发阶段进行统计（表 1.4），开发后期的大气田有 242 个，储量占 24%，本次研究以这些老气田为样本，指标确定性大，分析这些气田开发指标与地质参数的关系、确定开发指标主控因素和开发指标规律可靠性高。

表 1.4　可采储量大于 $250 \times 10^8 m^3$ 气田开发阶段分布

开发阶段	气田个数	储量合计 /$10^8 m^3$	储量比例 /%
废弃	7	4186.07	0.19
强化开发	22	33054.30	1.54
提高采收率	213	476946.94	22.20
正常生产	452	1227151.77	57.11
产能建设	78	85334.94	3.97
前期评价	84	106657.51	4.96
等待开发评价	47	97612.22	4.54
扩大勘探	125	86972.35	4.05
暂时关停	37	30883.99	1.44
递减阶段	242		23.93

注：递减阶段气田包括废弃阶段、强化开发阶段和提高采收率阶段气田。

1.6　战略地位及开发要求

大气田由于天然气储量规模大，天然气供应量所占比重大，在一个地区甚至一个国家的天然气资源供应中占据主导地位，在制定这些气田开发技术政策时，既要保证经济有效开发，又要赋予这些气田一定的战略气田功能。

战略性气田在其国内天然气开发中占据绝对的生产比重，其影响生产规律不仅受到地质条件影响，更受政府、企业的主观控制影响。俄罗斯于 2012 年提出"战略气田"的概念，俄罗斯能源部和 Gazprom 公司共同遴选了 32 个"战略性"气田清单，这些气田获得政府批准从而得以保护性开发。荷兰的格罗宁根气田，可采储量 $2.8 \times 10^{12} m^3$，1975 年达到高峰产量 $897 \times 10^8 m^3$。受 20 世纪 70 年代的第一次石油危机的警示，荷兰政府为了获得长期、安全、稳定的产量，选择性降低该气田生产规模，同时出台政策鼓励先开发小气田。目前，格罗宁根气田已开发 50 年，开发形势总体仍然平稳（图 1.3 和表 1.5）。

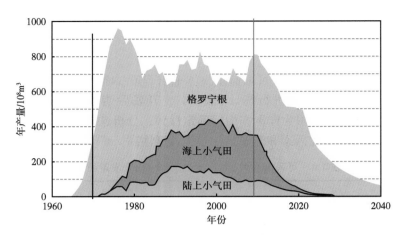

图 1.3　荷兰天然气产量构成

表 1.5　格罗宁根气田产量历史

年份	荷兰年产气 /$10^8 m^3$	格罗宁根气田年产气 /$10^8 m^3$	格罗宁根气田占比 /%
2008	750	400	53
2007	660	300	45
2006	680	340	50
2005	690	350	51
2000	630	210	33
1990	650	290	45
1980	860	660	77
1970	450	450	100

　　纵观全球，类似格罗宁根气田这种储量规模大（可采储量 $1000×10^8 m^3$ 以上）、产量比重大（供应规模占地区 5% 以上），供应量在所属国家天然气供应中占主导地位的气田，在论证合理开发规模时不仅要保证经济开发，还要兼顾保障地区长期稳定供应的战略考量，往往需要采取保护性开发策略，通过适当限制生产规模、降低采气速度，从而延长生命周期（表 1.6）。

表 1.6　部分保护性开发气田的储产量规模

国家	气田	开发指标	高峰供气期间产量占比
巴基斯坦	Sui	可采储量 $3576×10^8 m^3$，可采储量采速 2%，稳产 20 年	占所在国总产量的 26% 左右
俄罗斯	Medvezhye	可采储量 $2.3×10^{12} m^3$，可采储量采速 3.1%，稳产 17 年	占所在国总产量的 12%~17%
新西兰	Maui	可采储量 $976×10^8 m^3$，可采储量采速 4.2%，稳产 17 年	占所在国总产量的 75% 左右
美国	Hugoton Panhandle	可采储量 $2×10^{12} m^3$，高产期间可采储量采速 2%，稳产 17 年	占所在国总消费量的 5%~7%
荷兰	格罗宁根	可采储量 $2.8×10^{12} m^3$，采取小气田优先开发策略，保护该气田开发，可采储量采速由 3.2% 降到 1.7%	占所在国总产量的 70% 以上

由于大气田的特殊地位，对其开发要求也更高，一般要求大气田要有一定的调峰能力、要具有较长时期的稳定供应能力、开发风险必须要可控、开发经济效益要有保障。

1.6.1　大气田可作为调峰气田

天然气工业有许多特殊性，尤其是下游用气量波动较大时，此时大气田常常被用作调峰气田。在欧洲地区，2000 年气田调峰幅度是 135%，气田调峰为众多调峰方式中最主要的一种。荷兰与英国是主要气田调峰国家。荷兰拥有格罗宁根气田，调峰能力较强，不论是放大产量还是压缩产量，均具有较大的产量弹性，气田不但用于国内的气田调峰，还为欧洲各国提供调峰服务。英国北海气田同样具有较大生产能力，是西北欧另一个依靠气田调峰的代表（表 1.7）。

表 1.7　世界三大地区 2000 年天然气供需波动及调峰情况

参数	北美	欧洲	亚太
消费波动幅度 /%	137	152	111
产量波动幅度 /%	105	134	116
进口量波动幅度 /%	119	118	113
储气库调峰比例 /%	17	13	1
LNG 罐调峰比例 /%	0.02	0.2	7

一般而言，调峰气田需具备的共性特点：储量和产量规模大、非伴生气气田、有着较好的储层（比如高渗透率）、气井产量高，此外还需要具备成本优势，否则即使气田规模很大也难以纳入调峰气田范畴。

1.6.2　大气田采收率较高且稳产模式不同

国内外大量气田统计分析表明，大气田一般具有采收率较大的特点（图 1.4），其中储量为 $300\sim3000\times10^8 m^3$ 的气田平均采收率为 70%，储量大于 $3000\times10^8 m^3$ 的气田平均采收率 76%。大气田采收率高主要是由于它们可以通过规模开发降低整体开发成本，前期形成的技术可以被复制利用，从而获得更多的累计采出量和更好的开发效果。

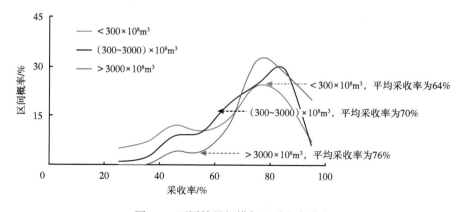

图 1.4　不同储量规模气田采收率分布

7

国外大气田开发大多具有较长的稳产期，与国情及气田状况密切相关，通过统计国外 62 个大气田稳产期分布可见，大气田稳产期一般在 7~25a，平均 13a（图 1.5）。由于大气田产量贡献大，为了保证供应的长期稳定，需要大气田的开发生产更稳定，稳产期更长。

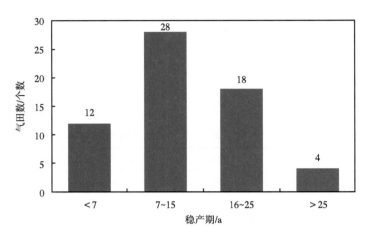

图 1.5　全球 62 个大气田稳产期

大气田稳产方式呈现两种截然不同的模式。一种是单井定产生产，通过单井稳定产量实现气田长期稳产的模式，例如巴基斯坦的 Sui 气田（图 1.6）。符合此类稳产模式的气田一般具有优质整装、中高渗流能力和气水关系简单等特点。此种模式下气井具备高产长期稳定生产能力和应急调峰能力，并可充分利用地层能量，推延增压外输时间，控产可延长有水气藏气井无水采气期，降低地层出砂、凝析油反凝析的影响，避免先期压降对后期钻井带来风险等。

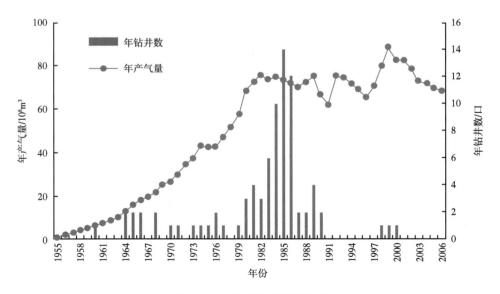

图 1.6　Sui 气田生产历史曲线

　　另一种为单井定压生产（早期短暂定产），通过井间接替实现气田长期稳产的模式，如美国的 Kuparuk River 气田（图 1.7）。此类气田多具有如下特点：低渗透致密或储层不连续、储量规模大、一次性开发投资大，气藏类型复杂且认识过程漫长。该生产模式能够充分发挥增产改造优势，最大限度地提高单井产量，另外持续滚动钻井有助于深化地质认识，降低一次大规模布井的风险，且分批钻井发挥了资金时间价值，开发经济效益好。国外低渗透边界效益气藏多采用井间接替稳产、滚动加密开发的模式（表 1.8）。

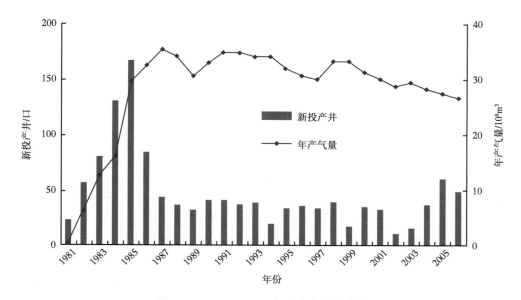

图 1.7　Kuparuk River 气田生产历史曲线

表 1.8　部分通过井间接替实现稳产的气田钻井情况

气田	可采储量/$10^8 m^3$	稳产规模/$10^8 m^3$	稳产年限/a	建产期井数/口	稳产期井数/口
智利 Daniel Este-D	255	7	17	55	140
波兰 Przemysl	688	33	7	163	121
美国 Kuparuk River	935	33	20	655	581
挪威 Valhall	258	10	17	38	98

　　低渗透气田要达到较好的经济效益，气田开发指标合理取值必须综合考虑单井初期产量、单井累计产气量以及气田稳产模式。以苏里格气田为例，对比发现，边际效益气田若采用单井稳产的生产方式一般无法达到开发最低经济界限，而采用放产的生产方式可以在早期快速回收投资，折现现金流相对较高，内部收益率能够达到经济界限要求（图 1.8 和表 1.9）。

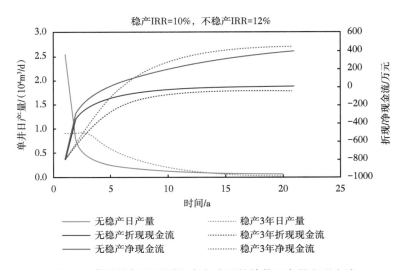

图 1.8　苏里格气田不同生产方式下的单井日产量和现金流

表 1.9　苏里格气田生产方式对开发效益的影响

参数	单位	数值
单井累计产量	10^4m^3	2000
单井投资	万元	800
市场气价	元 /m^3	1.037
营运成本	元 /m^3	0.44
折现率		0.12
生产方式一：无稳产	IRR=12%	
生产方式二：稳产 3 年	IRR=10%	

　　除了低渗透气田，对于开发投资较大的深层、高压、高渗透、中等规模、边底水不活跃气田，气井生产方式依然可以考虑早期快速生产的模式，如：Milis Ranch 气田、Vermejo Moore Hooper 气田（表 1.10）。

　　由此可见，不论是低渗透还是高渗透气田，当气田处于边界效益时，只要风险可控，都可以考虑采取"单井定压生产"的开发模式。

表 1.10　Milis Ranch 和 Vermejo Moore Hooper 气田主要指标

指标类型	参数	Milis Ranch	Vermejo Moore Hooper
地质 指标	储量 /10^8m^3	86（可采储量）	172（地质储量）
			129.6（可采储量）
	构造类型	构造为主	构造为主
	储层岩性	白云岩	黑硅石、白云岩
	驱动类型	弱边水驱	气驱

续表

指标类型	参数	Milis Ranch	Vermejo Moore Hooper
地质 指标	气水界面 /m	6000.6	5001
	深度 /m	6062	5620
	厚度 /m	14.33	10.37
	丰度 / ($10^8m^3/km^2$)	3.27	1.728
	孔隙类型	晶间孔	晶间孔和晶洞
	孔隙度 /%	6	5
	渗透率 /mD	7	平均 5
	温度 /°C	124	152
	压力 /MPa	62.57	58.55
开发 指标	地质储量采速 /%	9	9
	可采储量采速 /%	12.2	12.34
	稳产期末 可采储量采出程度 /%	43.4	31.4
	稳产期 /a	2	1
	递减率 /%	25	17
	采收率 /%	75	75
	钻井数 / 口	9	26
	井网密度 / (口 / km²)	2.9	2.88
	单井控制储量 /10^8m^3	9.55	4.98

1.6.3　大气田开发要重视风险性研究

由于资源埋藏于地下，无法获得直观的认识，只能通过地震、钻井、测井和试井等手段间接认识地层情况，受地质资料限制，解释结果存在不确定性，特别是对气藏构造特征、储层连续性和非均质性、储层裂缝发育程度、边底水活跃程度等方面的认识存在不确定性。开发指标制定以开发风险最小为约束，为了更好地规避风险并提高气田开发效果，加强风险认识和管控就显得十分必要。

（1）加强储量风险评价，确保物质基础可靠性。

国外对风险的识别、评价、估计和对策十分重视，不确定因素管理方案（UMP）是雪佛龙公司风险与不确定因素管理过程的重要组成部分。UMP 能够识别、量化并记录地下工程与地面作业的不确定因素，它也是一种重要的风险评估资源，可以帮助揭示风险、确定风险及其后果发生的可能性。

国内评价探明储量，用含气面积×有效厚度×孔隙度×天然气饱和度×体积转换系数，评价结果是一个具体的数值。而国外原始地质储量评价结果是一个范围，一般先建立气藏地质概率模型，概率模型有三个重要组成部分，即有效储层岩石体积、流体性质和含烃孔隙体积；应用地质模型对气藏进行概率评估，得到不同概率下的气藏原始地质储量；基于P10、P50和P90概率地质模型计算出原地储量的范围值（表1.11），储量值范围包括了可能的最好和最差储量，既能评估资源基础的下限和上限，也能充分理解项目的价值和风险，以支持更好的开发计划。

表1.11　不同概率下的罗家寨—滚子坪气田地质储量

气田	P10	P50	P90
罗家寨气田地质储量 /$10^8 m^3$	227.1	461.8	779.8
滚子坪气田地质储量 /$10^8 m^3$	45.9	101.4	184.3

（2）气田采取滚动勘探开发模式，构建情景分析模型制定弹性开发指标。

气田开发初期，由于基础资料丰富程度和地质认识手段的限制，地质认识上存在不确定性，气井和气田开发指标存在多种可能，开发对策难以确定。根据矿场经验，气田开发常见客观和措施两类不确定因素，其中客观因素主要有储量规模、水体能量（水体大小、活跃程度）、压力敏感程度、层间与层内非均质性、有效渗流能力和气井产能；措施因素主要有采气速度和井数、射开程度和技术进步因素（提高动用程度、延长稳产期、采收率、增产措施、降低投资措施等）。

为了有效规避风险，要求气田前期评价周期较长，特别是巨型气田常采取认识成熟一块、开发一块的模式，早期试探性开发，积累经验后再大规模开发，产量曲线呈现递增特点。假设气田一开始就部署很密的井网，恰巧地质实际情况比预期差，无法实现气井、气田设计的开发指标，则会给开发带来较大且无法挽回的经济损失。相反，前期先动用部分区块，后期调整余地大，可以根据生产情况对井网进行动态调整，开发指标弹性就会较大。

罗家寨气田（对外合作）在开发方案设计中重视各种可能的分析，方案制定过程中，雪佛龙公司发现气藏特性和动态流体特征两方面有很大的不确定性，其中地下不确定性的关键是产层厚度、孔隙度分布、断层的分区以及天然气裂缝对气井生产动态的影响，因此确定了不同可信程度对应的开发指标（表1.12）。在开发井位设置中坚持先钻可信程度高（P10和P50）的井，可信程度低（P90）的井暂时不钻，在首批生产井投产两年后进行复查和修订；保持井位的灵活性，并根据新的储层描述和生产动态特征进行调整（雪佛龙，罗家寨气田ODP方案）。

表1.12　罗家寨气田不同概率储量对应的开发井数

参数	概率		
	P10	P50	P90
开发区面积 /km^2	55.17	70.38	89.75
可采储量 /$10^8 m^3$	136.5	278.6	470.6
最大产量 /（$10^4 m^3/d$）	147	195	225
开发井数 / 口	8	10	18

（3）气田开发方式灵活，但以保证科学开发为主导。

虽然大气田一般稳产期较长，但仍有一些大气田为了追求利润最大化，在对气藏深入了解的基础上采取高采气速度、快速收回投资的开发模式。生产表现为产量达到最大规模后迅速递减，产量曲线呈现直上直下的特点（图 1.9）。例如 Kushchevskoye 和 Punginskoye 等气田，采气速度高，采收率也高，开发比较成功（表 1.13）。但是，高速开发必须建立在风险可控的前提下，否则会给气田开发带来无法弥补的伤害。

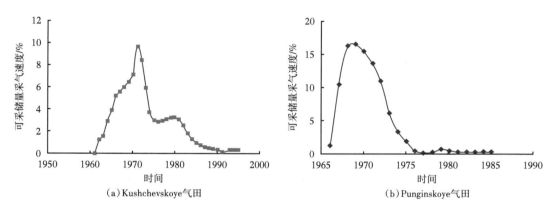

（a）Kushchevskoye气田　　　　　　　（b）Punginskoye气田

图 1.9　部分高速开发气田采气速度历史

表 1.13　部分高采气速度气田的主要指标

气田	Algyo	Kushchevskoye	Punginskoye	Ekofisk West
天然气 /$10^8 m^3$	858	274	486	278
采气速度 /%	4.9	9.6	16.5	17.0
采出程度 /%	86	99	101	100
递减率 /%	5.6	21.0	36.6	29.2
地貌	农场	农场	林地	极地
陆地 / 海洋 / 综合	陆地	陆地	陆地	陆地
构造类型	构造＋地层	构造＋地层	构造＋非均质	构造
驱动类型	气驱	气驱	气驱为主	气驱为主
丰度 /（$10^8 m^3/km^2$）	17	8	9	39
层数	7	6	1	2
顶深 /m	2622	1348	1736	3065
孔隙度 /%	20	28		32
渗透率 /mD	171	9		1
压力 /psi	3024	2219	2705	7200
压力系数	1.01	1.14	1.07	2

1.6.4 大气田开发要加强经济性研究

开发指标制定要以效益为核心，边界效益气田重视储量经济界限论证。处于边界效益的气田，一般单井产量低，稳产难度大。受产能建设投资成本高和气价低影响，气田开发处于微利状态。研究气田有效开发的临界点，有利于促进其经济有效开发。对储量进行分类评价并确定动用技术经济界限，分层次确定开发指标和开发潜力，指导气田进行逐步加密开发。确定开发经济界限，以此作为技术攻关目标，努力提高单井控制可采储量，或降低单井控制可采储量下限，实现规模效益开发。

1980 年以前，Boonsville 气田井网密度为 0.75 口 /km^2，单井最终可采储量为 $3395×10^4m^3$，1980 年井网加密到 1.5 口 /km^2，单井最终可采储量为 $1435×10^4m^3$，20 世纪 90 年代井网加密到 3 口 /km^2，单井最终可采储量为（708~1132）$×10^4m^3$，个别井小于 $566×10^4m^3$。Boonsville 气田单井加密经济可采储量界限为 $1132×10^4m^3$，随着井网不断加密，单井最终可采储量逐渐降低。为追求效益最大化，需保持合理的井网密度，控制单井可采储量大于经济界限值，因此该气田优质储量区域井网密度 3 口 /km^2，采收率可达 88%，其余区域最终井网密度定格在 1.5 口 /km^2，采收率为 67%。

第2章 大气田开发规划技术指标主控因素

天然气开发战略规划包含三个层次的指标，一是可持续发展和安全平稳供气指标，二是气田开发规划技术指标，三是经济效益评价指标。大气田开发规划需要在不同开发阶段确认不同的技术指标。上产阶段考虑如何实现一定产量规模和一段稳产供应的平衡，需要确定采气速度；稳产阶段考虑如何实现长期稳定供应与短期产量波动协调发展，需要确定稳产期、稳产期末采出程度；递减阶段考虑如何实现技术指标和经济指标的最大化，需要确定递减率和采收率。这些指标确定了一个大气田的产量剖面，是天然气产量分析最主要的指标。然而，大气田开发指标影响因素众多，若将所有因素一一分析，工作量大且不现实，具有盲目性。为此，从开发指标理论推导入手，通过理论推导确定开发指标影响因素，从而指导矿场的统计分析，同时结合数值模拟、多元线性拟合等数学手段确定主要影响因素，这种思路显然是更为现实的选择（图2.1）。

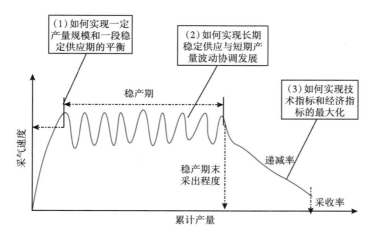

图 2.1　气田开发全生命周期中关键指标作用示意图

2.1　开发规划技术指标相关性理论分析

大气田开发规划技术指标主要包括采气速度、稳产期、递减率和采收率，先从理论推导入手确定开发指标的主要影响因素类别，再详细分析各项单因素对开发指标的影响。

2.1.1　采气速度和稳产期

气田开发最小单位可视为单井控制区域，为此将气田划分为许多单井模型，首先从单井模型做起。

假设气田地质储量为 G_f，部署 n 口开发井，单井波及范围内储量 G_w，当 $n \times G_w = G_f$ 时，气田完全动用。在气井控制范围内，当开发进入拟稳态以后，气井年产量与压力具有如式（2.1）所示关系：

$$p_e^2 - p_{wf}^2 = \frac{T \bar{\mu} \bar{Z} q}{7.746 \times 10^{-6} d K_e h} \left(\ln \frac{r_e}{r_w} + S + Dq \right) \tag{2.1}$$

式中　p_e——储层外边界压力，MPa；

　　　p_{wf}——井底流压，MPa；

　　　T——储层温度，K；

　　　$\bar{\mu}$——气层平均状态下的参考黏度，mPa·s；

　　　$\bar{Z}$——地层条件小的平均气体偏差系数；

　　　q——气井年产量，m³/d；

　　　d——年生产天数，d；

　　　K_e——地层有效渗透率，mD；

　　　h——储层厚度，m；

　　　r_e——地层供给半径，m；

　　　r_w——井筒半径，m；

　　　S——表皮因子；

　　　D——非达西渗流系数，（m³/d）$^{-1}$。

简化模型为达西渗流，气井产能公式见式（2.2）：

$$q = 7.746 \times 10^{-6} d K_e h \frac{p_e^2 - p_{wf}^2}{T \bar{\mu} \bar{Z} \left(\ln \frac{r_e}{r_w} + S \right)} \tag{2.2}$$

采气速度等于产量除以储量，稳产期末采气速度表达式为：

$$v = 7.746 \times 10^{-6} K_e h \frac{p_{e-esp}^2 - p_{wfmin}^2}{T_{esp} \bar{\mu}_{esp} \bar{Z}_{esp} \left(\ln \frac{r_e}{r_w} + S \right)} \frac{d}{G_w} \tag{2.3}$$

式中　v——年采气速度，%；

　　　p_{e-esp}——稳产期末地层压力，MPa；

　　　p_{wfmin}——稳产期末井底压力，MPa；

　　　T_{esp}——稳产期末储层温度，K；

　　　$\bar{\mu}_{esp}$——稳产期末气体平均黏度，mPa·s；

　　　$\bar{Z}_{esp}$——稳产期末气体平均偏差系数；

　　　G_w——井控地质储量，m³。

正常压力系统，稳产期末时定容气藏物质平衡方程为：

$$1 - R_{esp} = \frac{\overline{p}_{esp}/Z_{esp}}{p_{ei}/Z_{ei}} \qquad (2.4)$$

式中　R_{esp}——稳产期末采出程度，%；

　　　$\overline{p}_{esp}$——稳产期末地层压力，MPa；

　　　Z_{esp}——稳产期末气体偏差系数；

　　　p_{ei}——原始地层压力，MPa；

　　　Z_{ei}——原始条件气体偏差系数。

气藏进入拟稳态后，考虑压力漏斗效应，地层压力仅在井底附近大幅度下降，因此可以假定平均地层压力近似等于边界地层压力 $\overline{p}_{esp} \approx p_{e-esp}$。

联立式（2.2）和式（2.4），消去 p_{e-exp}，得到：

$$\left(1 - R_{esp}\right)^2 = \left(\frac{\dfrac{1}{Z_{esp}}}{\dfrac{p_{ei}}{Z_{ei}}}\right)^2 \left(\frac{T_{esp}\mu_{esp}Z_{esp}G_w\left(\ln\dfrac{r_e}{r_w} + S\right)}{7.746 \times 10^{-6} dK_e h}v + p_{wfmin}^2\right) \qquad (2.5)$$

式中　R_{esp}——稳产期末采出程度，%；

　　　Z_{esp}——稳产期末气体偏差系数；

　　　p_{ei}——原始地层压力，MPa；

　　　Z_{ei}——原始条件气体偏差系数；

　　　T_{esp}——稳产期末储层温度，K；

　　　μ_{esp}——稳产期末气体平均黏度，mPa·s；

　　　G_w——井控地质储量，m³；

　　　r_e——地层供给半径，m；

　　　r_w——井筒半径，m；

　　　S——表皮因子；

　　　d——年生产天数，d；

　　　K_e——地层有效渗透率，mD；

　　　h——储层厚度，m；

　　　v——年采气速度，%；

　　　p_{wfmin}——最小井底压力，MPa。

式（2.5）可以写成：

$$\left(1 - R_{esp}\right)^2 = av + b \qquad (2.6)$$

式中　a，b—— 系数。

可见，同一气藏井数一定时，单井井控范围确定，稳产期末采出程度随采气速度增加而降低。

由式（2.5）和式（2.6）可见采气速度与稳产期、稳产期末采出程度具有相关性，当采气速度一定时，稳产期和稳产期末采出程度也就唯一确定了。

气田有多种采气速度和稳产期组合，不同的开发指标体系组合具有不同的经济效益，理论上存在最佳组合能够使经济效益实现最大化。

优化目标：累计净现金流最大

$$Obj = \max (FNPV) \tag{2.7}$$

式中　Obj——最大化目标函数；

　　　$FNPV$——财务净现值，万元；

　　　$\max(\ )$——取最大值的函数。

约束条件：满足生产技术要求，具备一定的生产规模和稳产能力。

$$PL \in T_s \tag{2.8}$$

式中　PL——稳产期，a；

　　　T_s——稳产年限要求，a。

收益函数：

（1）年度现金流 = 年产量 × 商品率 × 气价 − 年钻井数 × 单井投资 − 地面配套投资

　　　　　　　　− 井数 × 单位固定成本 − 产量 × 单位可变成本

$$\begin{aligned} NPVt = Q_t \times r_c \times Price - n_t \times CapWell - CapGround \\ - n_t \times FixedCost - Q_t \times VariableCost \end{aligned} \tag{2.9}$$

式中　$NPVt$——净现值，万元；

　　　Q_t——在时间 t 的产量，10^4m^3；

　　　r_c——商品率，%；

　　　$Price$——气价，元 /m^3；

　　　n_t——在时间 t 的钻井数，口；

　　　$CapWell$——单井投资，万元 / 口；

　　　$CapGround$——地面投资，万元；

　　　$FixedCost$——年固定经营成本，万元；

　　　$VariableCost$——可变经营成本，元 /m^3。

（2）累计折现现金流 =Sum（当年现金流 × 当年折现率）

$$\sum NPVt = \sum_{t=0}^{m} (C_I - C_o)_t (1 + FIRR)^{-t} \tag{2.10}$$

式中　m——评价周期，a；

　　　C_I——现金流入，万元；

　　　C_o——现金流出，万元；

　　　$FIRR$——财务内部收益率，%。

影响气田开发经济效益的指标主要有钻完井投资、地面配套投资、单位固定成本、单位可变成本和产量。其中地面配套投资由产量规模决定，在总开发投资中占比较大。当采气速度高、生产规模大时，地面配套投资大，折旧成本高，虽然早期能够快速收回部分投资，但是总的折现净现金流较低。

当采气速度较小时，产能建设投资小、稳产期长、资本回收慢；当采气速度较大时，产能建设投资大、稳产期短、资本回收快，理论上存在获得最大净现金流的采气速度和稳产期组合（图 2.2）。

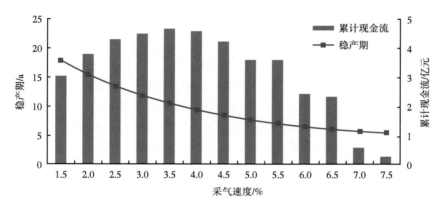

图 2.2　同一气田不同采气速度时稳产期和财务净现值变化

为了分析影响开发指标的因素，对式（2.6）做进一步简化处理。

考虑 $G_w = \dfrac{G_f}{n} = \dfrac{0.01Ah\phi S_g \dfrac{T_{sc}p_{ei}}{p_{sc}T_{ei}z_{ei}}}{n} = \dfrac{29.3Ah\phi S_{gi}}{n}\dfrac{p_{ei}}{T_{ei}z_{ei}}$ ，$T_{ei} \approx T_{esp}$ 代入式（2.5），可以得到系数 a、b 分别为：

$$a = \frac{Z_{ei}^2}{Z_{esp}^2 p_{ei}^2}\frac{T_{esp}\mu_{esp}Z_{esp}\left(\ln\dfrac{r_e}{r_w} + S\right)\dfrac{29.3Ah\phi S_{gi}}{n}\dfrac{p_{ei}}{T_{ei}Z_{ei}}}{7.746\times10^{-6}dK_e h} \qquad (2.11)$$

即：

$$a = \frac{Z_{ei}\mu_{esp}}{Z_{esp}}\frac{1}{p_{ei}}\frac{1}{K_e h}\frac{1}{d}\left(\ln\frac{r_e}{r_w} + S\right)\frac{3.783\times10^6 Ah\phi S_{gi}}{n} \qquad (2.12)$$

$$b = \frac{p_{wfmin}^2 Z_{ei}^2}{Z_{esp}^2 p_{ei}^2} \qquad (2.13)$$

式中　G_w——井控地质储量，m^3；

　　　G_f——气田地质储量，m^3；

　　　n——井数，口；

　　　A——储层面积，m^2；

h——储层厚度，m；

ϕ——孔隙度；

S_{gi}——原始含气饱和度；

T_{sc}——标准条件下的温度，K；

p_{ei}——原始地层压力，MPa；

T_{ei}——原始地层温度，K；

Z_{ei}——原始气体偏差系数。

两个系数的物理意义不同，a 反映渗流能力、井网密度和钻完井技术，b 反映废弃条件。

系数 a 反映了储层渗流能力和气体物性（黏度和压缩因子，它们由地层压力、温度和流体组分决定）等客观因素的影响。例如，Kh 值越大，a 越小，相同采气速度需要的生产压差越小，稳产能力越强。另一方面，系数 a 反映了钻完井等技术水平和井网密度影响。从 a 的表达式可见，钻完井水平越好，表皮系数 s 越小，系数 a 越小，稳产能力越强；井数 n 越大，单井分摊控制范围和储量越小，a 越小，剩余储量比例越少，稳产期末采出储量比例越多。如图 2.3 所示，产量一定时，a 的作用是降低生产压差，增加地层压力下降幅度，增加绿色面积内储量的供应量，从而使得稳产期更长。

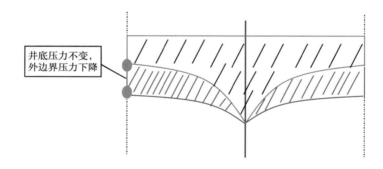

图 2.3　系数 a 作用示意图

系数 b 反映了废弃条件的影响。废弃条件越高（p_{wfmin}），b 越大，稳产期越短。如图 2.4 所示，b 的作用是降低稳产期末井底压力，增加蓝色面积内储量供应，延长稳产期，b 变小，曲线下移，剩余储量比例越少，采气速度一定的情况下，稳产期越长。

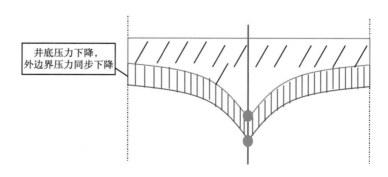

图 2.4　系数 b 作用示意图

2.1.2　递减率和采收率

采收率有技术采收率和经济采收率两种。开发进入递减期以后，产量逐步降低，不考虑经济因素时气井最终产量接近为 0，废弃地层压力接近井底压力，此时采收率为技术采收率：

$$E_{Rtec} = 1 - \frac{p_{wfmin} z_i}{p_i z_{wfmin}} \tag{2.14}$$

式中　E_{Rtec}——技术采收率；

p_{wfmin}——最小井底压力，MPa；

p_i——原始地层压力，MPa；

z_{wfmin}——最小井底压力时气体偏差系数；

z_i——原始地层压力时气体偏差系数。

产量遵循一定递减规律，常见递减模式有指数递减、双曲递减、调和递减等。假定递减类型为指数递减，则技术采收率 = 稳产期末采出程度 + 递减期采出程度：

$$E_{Rtec} = vt + \left[v(1-\omega) + v(1-\omega)^2 + v(1-\omega)^3 + ... + v(1-\omega)^{n-1} \right] \tag{2.15}$$

式中　ω——递减率；

n——递减周期，a；

t——稳产周期，a。

简化成：

$$E_{Rtec} = vt + \frac{v(1-\omega)\left[1+(1-\omega)^n\right]}{\omega} \approx vt + \frac{v(1-\omega)}{\omega} = v\left(t + \frac{1}{\omega} - 1\right) \tag{2.16}$$

从而得到递减率为：

$$\omega = \frac{v}{E_{Rtec} - vt + v} \tag{2.17}$$

联立式（2.14）和式（2.17），得到递减率表达式为：

$$\omega = \frac{v}{1 - \dfrac{p_{wfmin} z_i}{p_i z_{wf\,min}} - vt + v} \tag{2.18}$$

进入递减期以后，可变成本随产量降低而降低，而固定成本不变，当收入减去可变成本无法满足固定成本需求时，气田开发进入无效益开发状态，此时的累积产出量为经济采出量，对应的采收率为经济采收率。

其中废弃产量为：

$$q_{min} = \frac{CT_{fixed}}{P_{rice} - c_{varible}} \tag{2.19}$$

式中　CT_{fixed}——固定成本总支出；

　　　P_{rice}——气价；

　　　$c_{varible}$——可变成本。

通常，计算经济采收率有两种方法。第一种方法是根据递减率测算递减期历年产量，根据废弃产量确定废弃时间节点，从而得到废弃产量之前累积产量。第二种方法是根据极限经济产量，测算对应的地层压力。经济极限产量如下：

$$q_{min} = 7.746 \times 10^{-6} dKh \frac{p_{emin}^2 - p_{wfmin}^2}{T_{emin} \bar{\mu}_{emin} \bar{Z}_{emin} \ln \frac{r_e}{r_w}} \qquad (2.20)$$

此时，最小地层压力 p_{emin} 为：

$$p_{emin} = \sqrt{\frac{q_{min} T_{emin} \bar{\mu}_{emin} \bar{Z}_{emin} \ln \frac{r_e}{r_w}}{7.746 \times 10^{-6} dKh} + p_{wfmin}^2} \qquad (2.21)$$

经济极限时采收率为：

$$E_{r-economic} = 1 - \frac{p_{emin}/Z_{emin}}{p_{ei}/Z_{ei}} = 1 - \frac{Z_{ei}}{p_{ei} Z_{emin}} \sqrt{p_{wfmin}^2 + \frac{q_{min} T_{emin} \bar{\mu}_{emin} \bar{Z}_{emin} \ln \frac{r_e}{r_w}}{7.746 \times 10^{-6} dKK_{rg(sw)}h}} \qquad (2.22)$$

式中　p_{emin}——最小地层压力，MPa；

　　　Z_{emin}——最小井底压力时气体偏差系数；

　　　p_{ei}——原始地层压力，MPa；

　　　z_{ei}——原始气体偏差系数；

　　　p_{wfmin}——最小井底压力，MPa；

　　　q_{min}——经济极限产量，m³/d；

　　　T_{emin}——最小经济产量时地层温度，K；

　　　μ_{emin}——最小经济产量时气体平均黏度，mPa·s；

　　　Z_{emin}——最小经济产量时气体平均偏差系数；

　　　r_e——地层供给半径，m；

　　　r_w——井筒半径，m；

　　　d——年生产天数，d；

　　　K——地层绝对渗透率，mD；

　　　h——油层厚度，m；

　　　$K_{rg/(sw)}$——气体相对渗透率。

第一种方法可以获得递减期每年的产量，因而能够测算折现现金流和累计现金流大小，从而测算所有经济指标；而第二种方法只能测算递减期累计产量，无法给出历年产量，只能给出累计现金流，无法给出折现现金流大小和内部收益率 IRR 等动态经济指标。

2.1.3　开发指标影响因素

由式（2.5）和式（2.22）可见，开发指标影响因素包括：生产条件（井数 n，井底条件 s，最低井底压力 p_{wfmin}、经济极限产量 q_{min} 等）、储层参数和流体参数（如渗透率、厚度、黏度、温度、体积系数等参数）。以上推导未考虑气田宏观特征、地层非均质性和流体类型等复杂情景。

综上，开发指标影响因素可以分为客观因素和主观决策因素。其中，决策因素主要有井网完善程度和措施工作效率。措施工作效率体现在人为增产措施、提高单井产能手段、回注气时机与比例、优化射孔、选择性避水、早期排水、排水采气、增压机增压开采、废弃条件。井网完善程度则是气井数、单井控制面积、气田面积的综合体现，代表了气井井控程度。

客观影响因素又可进一步划分为驱动类型、渗流能力、流体属性、连通程度、其他因素等 5 类 23 项指标。（1）气藏驱动特征，包括水体类型（边水或底水）和水体活跃程度。（2）储层渗流能力，包括基质渗透率、裂缝发育程度、孔隙度、含水饱和度。（3）储层连通性，包括储层产状、净毛比、气层数等。（4）流体属性，包括气体类型、气油比、烃类气含量、硫化氢和二氧化碳含量。（5）其他指标，包括地理地貌、埋藏深度、沉积相、储层岩性、有效厚度、压力、温度、储量规模和储量丰度等（表 2.1）。

表 2.1　客观影响因素列表

序号	大类	小类
1	驱动特征	驱动类型
2		边水 / 底水
3	储层物性	基质渗透率
4		裂缝发育程度
5		孔隙度
6		含水饱和度
7	流体属性	气体类型
8		气油比
9		烃类气含量
10		H_2S 含量（类型）
11		CO_2 含量（类型）
12	连通程度	产状
13		净毛比
14		气层数

序号	大类	小类
15		地理地貌（海上／陆上）
16		埋藏深度
17		沉积相
18	其他因素（地理埋深、温度、压力规模丰度）等	储层岩性
19		有效厚度
20		压力系数（地层压力）
21		地温梯度（地层温度）
22		地质储量
23		储量丰度

2.2 开发规划技术指标影响因素分析

理论分析表明，采气速度和稳产期几乎完全反相关，稳产期采出程度与稳产期呈正相关关系，采气速度、稳产期和稳产期末采出程度有合理配置关系，不是稳产年限愈长愈好，理论上存在最优的采气速度和稳产期组合使得经济效益最大化。气田开发指标体系中，采气速度取值除考虑气田地质条件外，还需考虑气田稳定供应、有效接替、市场需求、经济效益，而采收率由地质特征、开发技术和政策决定。

在开发指标影响因素理论指导下，结合气田实际数据情况，逐一分析了开发指标与驱动类型、边水／底水、基质渗透率、裂缝发育程度、孔隙度、含水饱和度、气体类型、气油比、有机烃含量、H_2S 含量（类型）、CO_2 含量（类型）、产状、净毛比、气层数、地质储量、储量丰度、地理地貌、埋藏深度、沉积相、压力系数、地温梯度、储层岩性和有效厚度等单因素的关系。研究发现，渗透率、驱动类型、流体类型、储层产状与开发指标具有较明显的相关关系，储层岩性间接影响开发指标大小。

2.2.1 渗透率与裂缝发育程度

渗透率对开发指标影响较大，相对低渗透气田，高渗透气田更容易获得较高的采收率，而技术进步与井网加密能有效地提高低渗透气田的采收率，同时裂缝发育对低渗透气藏开发起到有效作用。

2.2.1.1 不同基质渗透率采收率特征

渗透率对开发指标影响较大，高渗透气藏更容易获得较好的采收率，采收率与基质渗透率正相关性特征明显（图 2.5）。

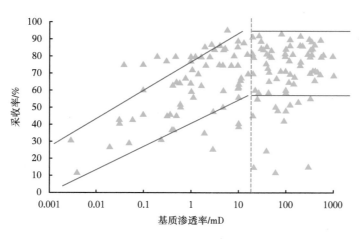

图 2.5　气田采收率与基质渗透率关系

基质渗透率小于 20mD 时，渗透率与采收率正相关性趋势明显。渗透率 0.1~1mD 时气田采收率一般在 30%~60% 之间，渗透率 1~20mD 时气田采收率一般在 50%~90% 之间。这些气藏最高的采收率来自渗透率最高的气藏，如北海南部的 Viking 气田渗透率 10mD、采收率为 89%，Leman 气田渗透率 3mD、采收率为 83%。在渗透率小于 20mD 的气藏中，采收率较低的有 McAllen Ranch 气田，渗透率 0.2mD，采收率为 33%~85%，平均为 50%；Lake Creek 气田渗透率 0.44mD，采收率 37%；Red Oak 气田渗透率 0.2mD，采收率只有 31%。McAllen Ranch 气田的低采收率不仅因为其渗透率较低，仅为 0.2mD，还因为其生产层段净毛比低，发育了许多三角洲前缘河口坝和分流河砂体，且显示出较差的横向和纵向连通性，气田 85% 的产量来自连续的片状砂体层段，同时辅助以水力压裂和合采生产等生产措施。而 Lake Creek 气田的低采收率则是因为渗透率低，集中在 0.009~32.5mD，平均 0.44mD，以及气藏储层过深，单井投资大，经济性导致无法钻足够的加密井。Red Oak 气田的低采收率是由于其低渗透率为 0.001~1.9mD，平均 0.2mD，虽然大多数井都实施了水力压裂，但由于井筒的不稳定性，单井产能还是被削减了。

当渗透率大于 20mD 时，采收率与渗透率相关性不强。也就是说，当渗透率大于 20mD 时，渗透率不再是决定采收率的最主要因素。在这些相对高渗透的气藏中，采收率受一系列其他因素影响，如凝析液产量、水体强度、是否含油环、气藏的隔断程度，另外就是决定生产成本和效益的参数，如海陆分布、埋藏深度等。

在渗透率与采收率关系图的左半段，有许多渗透率低的气田采收率也较高，这表明基质渗透率低并不代表采收率一定也低，主要原因有两个方面。一方面是，低渗透构造型气藏往往发育大量的微裂缝，裂缝能够有效改善储层渗流能力从而提升开发效果；另一方面，即使储层裂缝不发育，特别是那些岩性地层圈闭气藏，如果储量丰度高，大幅度加密经济可行、水平井和酸化压裂技术上适用，则低渗透致密气田采收率会随着井网的加密而大幅度增加。很多时候，裂缝和加密对低渗透气藏具有决定性作用，因而有必要对这两个问题进行深入分析。

2.2.1.2　裂缝发育程度与基质渗透率耦合关系

由于裂缝数据不易获取，且难以准确量化，因此采用数值模拟方法量化评价了裂缝对气田开发效果的影响。模型参数包括：维度 100×100×10，网格大小为 26m×26m×4.6m，基质渗透率 0.05~5mD，孔隙度 7.4%，裂缝渗透率 0.5~10mD，孔隙度 0.1%，深度 5746m，含水饱和度 25%，压力 89MPa，模型体积 $2.31×10^8 m^3$，研究流程如图 2.6 所示。主要认识有三点：

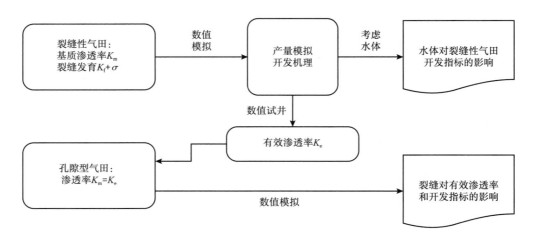

图 2.6　裂缝影响评价流程图

（1）裂缝能极大地提升储层有效渗流能力，提高采收率。

在基质渗流能力相同（K_m=0.1mD）的情况下，通过改变裂缝渗透率，即裂缝／基质渗透率比值，模拟不同裂缝发育程度对采收率的影响，结果表明裂缝对采收率有积极影响，随着裂缝／基质渗透率比值增加，从 5 倍增加到 100 倍，即裂缝渗流能力越来越大，气田总体开发效果有变好趋势，采收率也随之增高，从 56.5% 提高到 61%（图 2.7）。

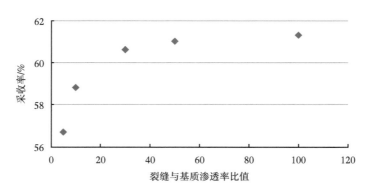

图 2.7　裂缝／基质渗透率比值与采收率关系

（2）裂缝对低渗透气藏影响程度远大于中高渗透气藏。

裂缝发育能够极大地提高储层渗流能力，提高气井产量，从而提升气田的开发效果，但对于中高渗透气驱气藏影响甚微。数值模拟结果表明，裂缝发育程度一定时（裂缝渗透率一定），基质渗透率越大，裂缝对采收率贡献越小，当基质渗透率大于 5mD 时，裂缝对采收率贡献非常小，增幅仅 0.9%（表 2.2）。

表 2.2　裂缝对不同渗流能力储层采收率贡献

基质渗透率 /mD	0.05	0.1	0.5	1	5
裂缝渗透率 /mD	10				
渗透率级差	200	100	20	10	2
孔隙 + 裂缝时采收率 /%	44.4	61.3	87.9	92.9	97.6
孔隙时采收率 /%	26.5	41.8	78.1	87.5	96.7
裂缝使采收率增加值 /%	17.90	19.50	9.80	5.40	0.90

（3）有效渗透率相同时，孔隙型气田比裂缝型气田采收率高。

裂缝能够显著提高低渗透气田储层的有效渗透率，但是能否用有效渗透率代替裂缝和基质反映综合开发效果还需实验论证。为此设置了三套模拟方案。第一套方案没有裂缝，基质渗透率为 0.1mD；第二套方案发育裂缝，基质渗透率为 0.1mD，有效渗透率 8.7mD；为了比较具有相同有效渗透率的裂缝孔隙型气田和孔隙型气田的开发效果，又设置了第三套方案，即基质渗透率为 8.7mD 的孔隙型气田。模拟结果可见图 2.8。

①裂缝能极大提高气田开发效果。基质渗透率为 0.1mD 的孔隙型气田，采收率为 42%，基质渗透率为 0.1mD 且裂缝渗透率为 10mD 气田，采收率可达 61%。可见当发育裂缝时，裂缝增产贡献明显，采收率增加幅度达到 19%。

②基质渗透率为 0.1mD、裂缝渗透率为 10mD、有效渗透率为 8.7mD 气田，采收率为 61%，基质渗透率为 8.6mD 的孔隙型气田，采收率为 98%。可见有效渗透率相当时，裂缝孔隙型气田开发效果不及孔隙型气田。可见，裂缝孔隙型气田开发效果的预测不能简单类比有着相同有效渗透率的孔隙型气田。

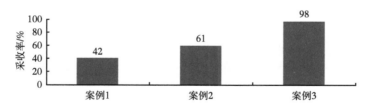

图 2.8　不同裂缝—基质耦合关系时采收率大小

2.2.2　驱动类型

不同驱动类型气田生产特征有差异。与弹性气驱气田相比，水驱气田开发要复杂得多，矿场经验表明，水侵是引起产量快速递减的主要原因。水侵的影响主要表现在两个方面，水侵会阻碍天然气的运移路径，水的前缘不规则移动会引起含气区的闭塞。

2.2.2.1　不同驱动类型采收率特征

水驱气田废弃压力高，水的移动封闭了部分天然气，降低了最终采收率。对于断层发育，以及微裂缝特别发育的强非均质性储层，容易产生边水底水不均匀推进现象，气井过快水淹，气井产量快速下降，累计采出量低，地层废弃压力高，最终开发效果差。统计强水驱、中等水驱、弱水驱和弹性气驱对采收率的影响，总样本数 147 个，结果表明，驱动类型对采收率有较大影响，随着水体强度减小，样品中采收率分布峰值有增大的趋势。

水淹强水驱气田 16 个，采收率范围 12%~81%，平均 49%，该类气田采收率分布峰值不明显，样品在小于 50% 的区间有较多分布，而在大于 90% 的区间没有分布。中等水驱气田 11 个，采收率范围 42%~80%，平均 59%，中等水体强度驱动气田采收率均大于 40%，但是采收率均没有达到 90%。弱水驱气田 58 个，采收率范围 48%~93%，平均 77%，弱水体驱动气田频率峰值再度向右侧偏移，采收率在 80% 以上的比例明显增加，且有部分达到 90% 以上。弹性气驱气田 62 个，采收率范围 35%~95%，平均 70%，大多数分布于 60%~90% 之间，部分可以达到 90% 以上（图 2.9）。

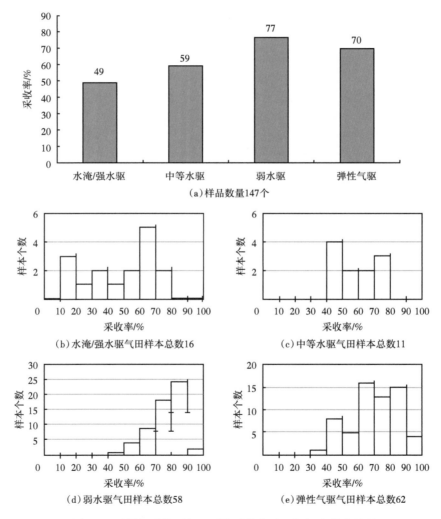

图 2.9 不同驱动类型气田平均采收率及区间概率分布情况

2.2.2.2 裂缝发育情况与驱动类型耦合关系

研究发现，气田开发最大的风险是发生严重水侵。天然气生产过程中水侵主要与以下因素有关：含水层展布、储层类型、采气速度以及完井层段。通常，水侵发生在双孔介质气田中。

水驱气田中采收率较低并且变化范围较大，边底水不规则的侵入很容易造成"水淹"。采收率低于 40% 的气田，其特征是具有强烈的水驱和双孔系统，在气田早期开发阶段，过高的产量或完钻层位太接近气水界面是引起早期水侵的两个重要因素，配产过高、完钻层位接近气水界面，造成过快水窜，出水量较高的，例如加拿大的 Beaver River 气田和中国的威远气田等（图 2.10）。Beaver River 气田是下伏含水层的强水侵造成采收率很低的典型实例。Beaver River 气田 1971 年投入开发，初期 10 口井，高峰产气 $22 \times 10^8 m^3$，单井配产 $110 \times 10^4 m^3$，为无阻流量的 46%，6 个月后 C-1 和 A-5 井压力产量下降并开始产水，1973 年 6 月全气田进水，气田全部水淹，1978 年气田废弃。该气田干气主要产自裂缝性致密白云岩储层。由于完钻层位接近气水界面，并采用过高的单井产量，整个气田很快就产水了，这也导致了产量的迅速降低。随后对气水比和生产速率进行监测，对于已关井重新完井和计算机模拟都表明：沿着裂缝水侵是引起产水的主要原因，进而造成可采储量的严重损失。可见，裂缝发育、水体活跃，同时缺乏有效的管理策略，造成了产量达到顶峰后快速递减，开发效果很差。

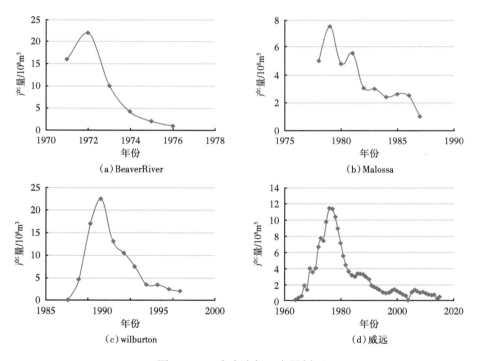

图 2.10　四个水淹气田产量剖面

建立双孔双渗气田地质模型，针对水体对气田开发效果的影响开展数值模拟研究。模型维度 $20 \times 20 \times 4$，网格大小 $44m \times 44m \times 4.5m$，基质渗透率 0.1mD，基质孔隙度 20%，裂缝渗透率 10mD，裂缝孔隙度 0.5%，深度 1200m，含水饱和度 20%，压力 20MPa，水体类型为 Fetkovich 底水，水体参数为深度 2135m，压力 30MPa，水体大小 $3.2 \times 10^6 m^3$、$3.2 \times 10^7 m^3$、$3.2 \times 10^8 m^3$。模拟结果表明，随着水体增加，稳产期大幅度缩短，累计采出量减少，采收率降低（图2.11）。

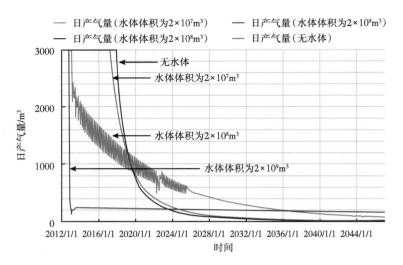

图 2.11　不同水体时双孔双渗气藏产量剖面

2.2.2.3　防水治水措施与驱动类型的耦合关系

当天然气储层具有较弱的含水层或者仅局部与区域含水层相连，这种情况下水侵会延迟出现，或者通过产量精细控制、井位科学部署和完钻层位控制，使产水量达到最小，早期有效避水措施比后期排水治水更紧迫、重要和有效。

降低水侵风险的首选措施是布井远离边水。西弗吉尼亚的ElkPlca气田采收率高达92%，气田采收率稳产方式为区块接替，20世纪30年代开始在构造高部位钻井，从20世纪40年代到20世纪70年代逐渐扩展到更深的区域。荷兰的格罗宁根气田采收率大于90%，气田北部被底水衬托，多数气井部署在南部。两个气田采收率高还与气田水体分布范围有限有关，ElkPlca气田有少量的水体驱动，而格罗宁根气田北部水侵仅影响有限的区域，没有对采收率造成不利的影响。在Vuktyl气田，产量完全依赖于降低早期水窜的措施。俄罗斯Korobkov气藏在钻新井时，很小心地避开了高产水的区域，提高裂缝不发育的低产井的压降，同时降低裂缝发育的高产井压降，可以使裂缝发育区水侵伤害最小化。尽管Korobkov气藏是强水驱且遭受局部水窜影响，但还是获得了92%的采收率。

降低水侵风险的另一措施是优化射孔层位，尽量避开底水。俄罗斯Urengoy气田渗透率很高，平均为500mD，最高可达7000mD，气田通过选择性射开层位控制水侵速度，井组以4口为一丛，每个井丛中只有一口井射开整个生产层段，一口井射开上面的2/3层位，一口射开顶的1/3，一口射开顶层。这使得顶层地层压力的下降最大化，离气水界面最远，气田最终采收率70%。再如挪威北海的Frigg气田，气田渗透率高达900~4000mD，在该气田开始生产前，由于对该气田水体活跃程度认识还存大量的不确定性，在古新世地层打了两口观察井，这些井投产后压力下降较小，证明了该气藏具有强水体驱动，强水驱意味着废弃压力较高，初始压力为19.18MPa，废弃压力17.79MPa。气藏净毛比0.95，天然气开采采用丛式井，射孔层位接近气藏顶部，气藏最终采收率达到78%，获得较好效果。在俄罗斯 Vuktyl 气田，以及墨西哥的 Catedral 和 Muspac 气田，钻井都在构造较高部位进行，远远高于气水界面 GWC，目的就是控制水锥。在 Catedral 和 Muspac 气田，斜井都与 NW-SE 主断层平行，目的是避免主断层与裂缝区域相交，避免给水锥提供高渗流通道。

上述的治理措施延长了很多常规裂缝气藏的生产周期，使得最终采收率提高。多年谨慎积极的储层管理工作最终延长了气藏的稳产期，取得了很好的生产效果。对于底水驱气藏，加强气田管理、气井产量控制和射开层位可以起到一定的延缓底水锥进和暴性水淹的风险。与 Beaver river 气田临近的两个类似气田 Kotaneelee（地质储量 $134 \times 10^8 m^3$、可采储量 $67 \times 10^8 m^3$、采收率 50%）和 Pointed Mountain（地质储量 $226 \times 10^8 m^3$、可采储量 $89 \times 10^8 m^3$、采收率 39%），均在 Beaver River 气田之后开发，并充分吸取了 Beaver River 气田开发的教训，开发效果明显提高。

2.2.3　储层产状

一个大气田往往由很多个气藏组成，气田复杂程度决定了气田开发难易程度和最终的开发效果。储层构造越复杂，开发认识越难，开发效果越差。其中，层状整装和块状整装气田，连通性好，储量动用程度高，采收率均值 72%。

层状/多断块和多层且无主力层气田，一般储层薄，受沉积、构造和成岩作用影响，容易发育多断块、多储层，非均质较强，单井控制储量较小，储量分散，平面和纵向均衡开发有困难，采收率偏低，特别是多层且无主力层气田，纵向均衡开发挑战大，矿场统计表明平均采收率为 60%。透镜状储层连通性差，单井控制储量很小，有效动用需要钻更多气井，受经济条件约束，限制了开发效果，采收率均值为 36%（图 2.12）。

2.2.4　流体类型

2.2.4.1　凝析油含量对采收率影响

如果天然气组分中凝析油含量较高，会对气田开发技术政策制定和开发指标带来较大影响，如图 2.13 所示。凝析油含量越低，气田开发越容易，天然气采收率越高；随凝析油含量、油气比增加，气田开发需要综合考虑凝析油和干气的经济有效性，当凝析油含量较高时需要回注气保持地层压力，防止两相流发生，故气田废弃压力高；当凝析油含量更高时，凝析油可能成为开发重点，采出的天然气也需要重新注入地下以换取更高的凝析油采出程度，故气体采收率较低。

一般当凝析油含量高时，经济开发需要特别关注凝析油的产量，往往需要回注天然气以获取更大的凝析油产量。特别是当原始地层压力与临界压力相近时，早期注入能够比晚期注入获得更高的凝析油采收率。凝析气田开发过程中会发生物理化学相变，开发机理复杂，开发难度大，因此不可避免地会出现很多影响产能和凝析油开采效果的问题，例如：液相伤害、水合物堵塞、井筒积液和气窜。凝析气田同时产天然气和凝析油，经济价值很高，但开发机理很复杂，存在着凝析油气体系的相态变化和反凝析现象。对高含凝析油的凝析气田，要尽可能地防止地层压力降至露点压力以下，以避免大量凝析油损失在地层中，同时对有边底水的凝析气田还要防止边底水的侵入。

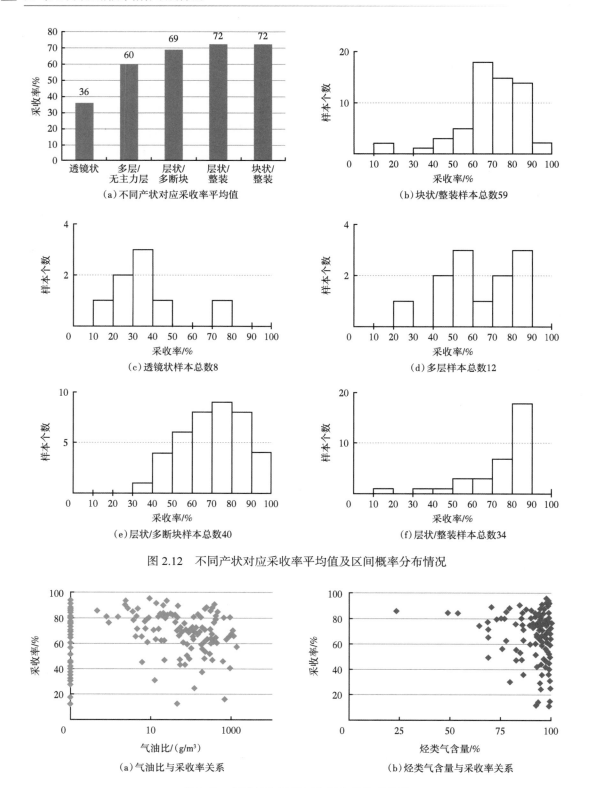

图 2.12　不同产状对应采收率平均值及区间概率分布情况

图 2.13　气油比和烃类气含量与采收率关系

美国的 Anschutz Ranch East 气田、澳大利亚的 North Rankin 气田和印尼的 Arun 气田通过注气维持地层压力高于露点，以减少地下液体凝析。Anschutz Ranch East 气田分为西部和东部两个区块，两个区块具有不同的初始压力，分别为 5310psi 和 5902psi，露点压力为 5080psi 和 5092psi。在西部区块，生产一开始采用注氮方式，而东部区块最初并未实施注入措施，这主要是因为气藏压力和露点压力差较大。西部区块开发措施如下：（1）注 10% 孔隙体积的前置气，成分为 35% 的氮气和 65% 的湿气；（2）对射开注入井和生产井储层的上 2/3 处；（3）在 80 英亩的试验区开始钻井，采用反九点井网，井网随后逐步调整为不规则的线性井网以更好地利用气藏的方向性渗透率优势。在 North Rankin 气田原始地层压力和露点之间压差为 3.21MPa，这使得气田生产三年之后才开始循环注气。该气田开发主要分为如下三个阶段：（1）1984 至 1987 年：出口天然气和凝析油；（2）1987 至 1988 年：重新将处理过的贫气注入气田中；（3）1988 年以后，井网加密。注入井与上倾的生产井保持了最大的距离以延缓注入气体过早突破。在一些气田，开采湿气和凝析气时，最大限度地提高产液量主要是考虑经济性。Arun 气田的油气主要产自被页岩包围的生物礁复合体中，气田具有很好的横向和垂向连通性，生产作业者可从 10 口注入井回注天然气。Arun 气田随着深度的增加，储层渗透率快速降低，因此少量注入的天然气会优先波及上部区域，这使得下部未被波及的区域残留了大量烃类气体。为了更多地获取凝析油，许多钻井都被设计完钻于下部层段。此外，天然气回注已经在 Brae North、Sleipner st、Maui、Hassi R'Mel、Troll 和 Frigg 气田中应用，通过注气能够提高凝析油产能，但限制了天然气采收率。

凝析气田采收率包括气和凝析油两个采收率，分析认为凝析气田采收率主要受开采方式影响，即是否注气保持地层压力，而非气田本身特征，但气田参数可以通过影响开采方式间接影响采收率大小。天然气回注的目的是使凝析油气开采最大化，稳定气藏压力，清除生产井的凝析油。在天然气回注时，凝析气（或者湿气）从井中产出，然后通过分离液体，处理后的干气回注到气藏，通常注到构造顶部井。统计表明，采气回注方式的气田凝析油采收率明显高于仅采取衰竭开发的气田（图 2.14）。

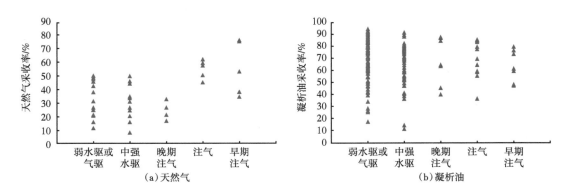

图 2.14　开采方式对天然气和凝析油采收率影响

研究认为，影响回注与否的关键参数包括凝析油含量、储层渗流能力（渗透率）和连通性（净毛比、产状）。天然气回注一般在较高凝析油含量（油气比大于 $100g/m^3$）、较大渗透率（大于 10mD）和较好连通性（整装气田，净毛比 N/G 大于 0.4）的气田中实施（图 2.15）。由于井距限制和高昂的成本，不是所有气田都适合进行天然气回注。

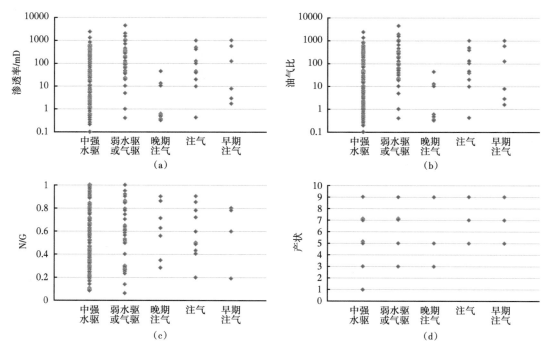

图 2.15　凝析气田开采方式与主要影响因素关系

2.2.4.2　二氧化碳和硫化氢含量对采收率的影响

天然气组分含量是影响开发成本，特别是与设备防腐有关的成本的重要因素之一。如果天然气组分中硫化氢、二氧化碳等气体含量较高，会对气田开发技术政策制定和开发指标带来较大影响。钻井和生产设备可能会被碳酸或硫酸腐蚀，这些酸液的形成与天然气中二氧化碳和硫化氢的浓度以及储层温度、压力有关，特别是在高温、高压储层中，少量的二氧化碳和硫化氢就会引起设备的严重腐蚀。设备腐蚀维修和更新造成成本不断增加，导致很多井过早废弃，引发该类型气田采收率降低。不过，二氧化碳和硫化氢对采气速度影响更大，高含二氧化碳和硫化氢的气田采收率反而更高（图 2.16）。

2.2.5　储层岩性

从统计结果来看，采收率对岩性不敏感。99 个碎屑岩气田采收率平均值 69%，峰值区间出现在 60%~90%。51 个碳酸盐岩气田采收率平均值 68%，峰值区间也出现在 60%~90%（图 2.17）。

但是，由于不同岩性代表了不同的成藏环境，进而影响气田地质参数变化，岩性通过这些地质参数会间接影响采收率等气田开发指标，例如不同岩性气田的储层物性分布规律不同，其采收率也不同。

从国外 135 个碎屑岩气田物性看（表 2.3），高渗透气田 62 个（大于 50mD），占 45.9%；低渗透气田 40 个（小于 5mD），占 29.6%；中渗透气田（5~50mD）33 个，仅为 24.5%。

从国外 57 个碳酸盐岩气田物性看（表 2.3），低渗透气田 26 个（小于 5mD），占 45.6%；中渗透气田 18 个（5~50mD），占 31.6%；高渗透气田 13 个（大于 50mD），占 22.8%。

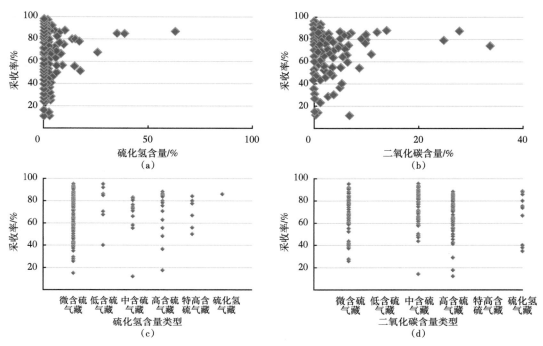

[图 2.16（c）中硫化氢含量类型横坐标含义：1 微含 H_2S，2 低含 H_2S，3 中含 H_2S，5 高含 H_2S，7 特高含 H_2S，$9H_2S$ 气田]

[图 2.16（d）中硫化氢含量类型横坐标含义：1 微含 CO_2，2 低含 CO_2，3 中含 CO_2，5 高含 CO_2，7 特高含 CO_2，$9CO_2$ 气田]

图 2.16　硫化氢和二氧化碳对采收率影响

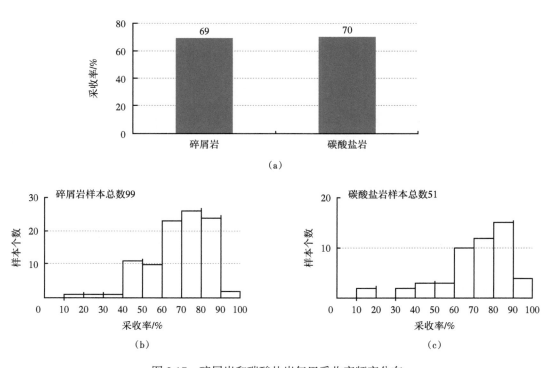

图 2.17　碎屑岩和碳酸盐岩气田采收率频率分布

表 2.3　碎屑岩和碳酸盐岩气田渗透率分布

类型	气田个数	＞50mD 气田	5~50mD 气田	＜5mD 气田
碎屑岩	135	62 个，45.9%	33 个，24.5%	40 个，29.6%
碳酸盐岩	57	13 个，22.8%	18 个，31.6%	26 个，45.6%
合计	192	75 个，39.1%	51 个，26.6%	66 个，34.3%

相对而言，碎屑岩气田渗透率越低，孔隙度越低，含水饱和度越高（图 2.18），但是碳酸盐岩气田孔隙度、渗透率和含水饱和度之间的关联性却很差（图 2.19）。

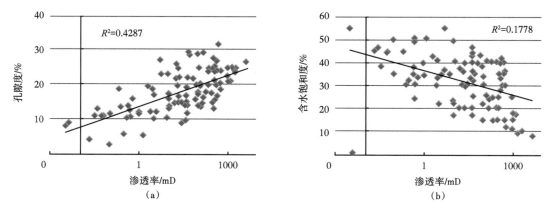

图 2.18　碎屑岩气田渗透率与孔隙度和含水饱和度关系

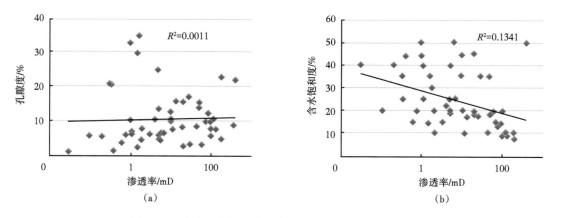

图 2.19　碳酸盐岩气田渗透率与孔隙度和含水饱和度关系

2.2.6　其他客观因素

深层气田（往往高温、高压）和海上气田开发投资大，从而限制了气田投入更多气井获得更大可采储量。投资越大，储量规模和储量丰度与采收率呈正相关关系，这主要是因为随着储量规模增加，易于形成规模效应，且大气田滚动勘探开发策略也有利于不断提高后期投入储量的开采效果（图 2.20）。

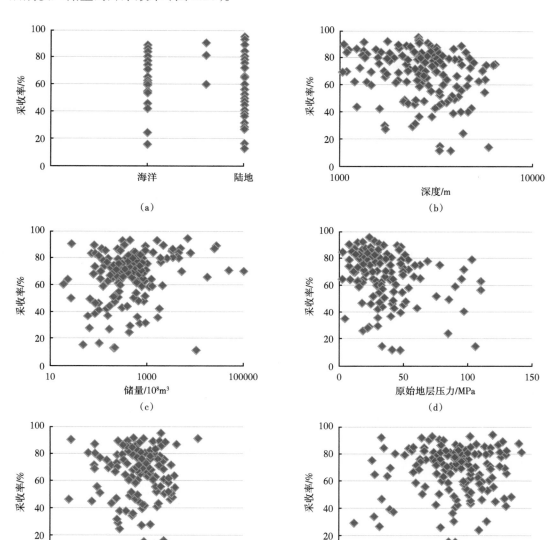

图 2.20　采收率与地貌、深度、储量、地层压力、温度和丰度的关系

　　沉积相，按照沉积环境的不同，分为河流/湖相、三角洲相、海相和风成沉积体系四类，四类沉积体系中除河流相/湖相采收率略微低一些外，其他几类采收率分布特征类似，沉积相对采收率作用不敏感。其中河流/湖相沉积体系样品 21 个，采收率均值 62%；三角洲相沉积体系样品 52 个，采收率均值 69%；海相沉积体系样品 69 个，采收率均值 70%；风成沉积样品 11 个，采收率均值 68%（图 2.21）。

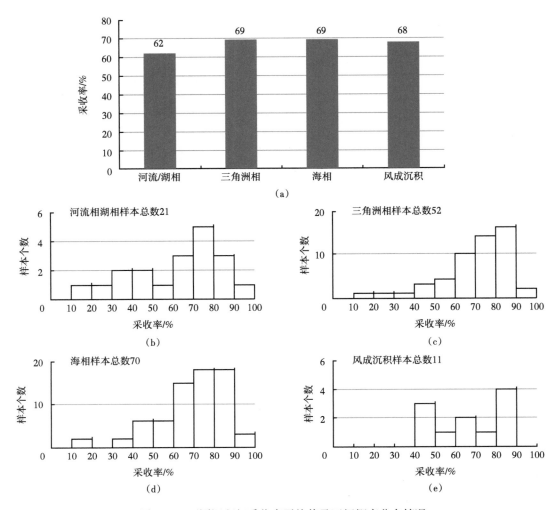

图 2.21 不同沉积相采收率平均值及区间概率分布情况

层数和净毛比。储层层数越多，净毛比越小，有效储层比例越小，开发越困难，开发效果越差，但与采收率单因素相关性不强（图 2.22）。

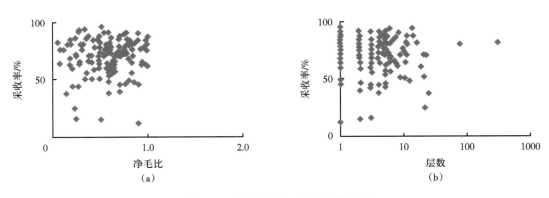

图 2.22 采收率与净毛比和层数关系

孔隙度和含水饱和度。孔隙度和含水饱和度与采收率单因素相关性不强，特别是在裂缝型碳酸盐岩气田中，孔隙度和含水饱和度与渗透率相关性弱，无法直接、快速反映到产量上，因而对开发效果影响不明显（图 2.23 ）。

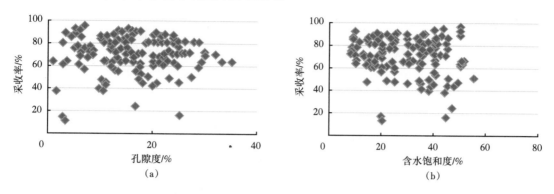

图 2.23　采收率与孔隙度和含水饱和度关系

2.2.7　人为决策因素

人为决策因素主要有井型优化、压裂酸化、排水采气和井网加密等手段，对复杂气田决策至关重要。采收率较高气田原因分析表明，许多气田成功开发的关键不仅是依赖于储层特征，更是依赖于有效的储层管理策略和恰当的技术应用，例如 2.2.7.2 小节中提到的大幅度井网加密等。关于人为决策因素的量化评价常常比较困难，以下以压裂酸化技术为例介绍决策因素对开发指标的影响。

2.2.7.1　压裂酸化对开发指标的影响

一般来讲，并没有单一的标准来决定哪个气田适合水力压裂，哪个不适合，一些物性最差的气藏和一些物性最好的气藏都实施过压裂。对于裂缝不发育的储层，水力压裂的作用是依靠人工造缝，使得储层中发育裂缝的分散部位相互连通。依靠这种使用支撑剂的大规模水力压裂，好几个裂缝不太发育的较差储层都获得了不错的采收率，美国科罗拉多州的 Beecher Island 气藏最终采收率与压裂次数以及支撑剂的体积密切相关。对于裂缝发育的储层，水力压裂主要的作用是避免井筒损伤，并打开之前闭合的裂缝。对于具有良好裂缝系统的气藏，无论是否采取水力压裂措施，酸化压裂都是获取较高采收率的关键手段。在 Limestoneand Sajaa 气藏的碳酸盐岩储层中，酸化压裂可以溶解堵塞裂缝限制气流的方解石胶结物。在 Sajaa 气藏，酸化过程可以打开裂缝，使得气体流量提高 400%~600%。在其他几个气藏，对于受到钻井液侵入伤害的储层，或者与完井液或修井液反应受到伤害的储层，酸化或者酸化压裂可以使得这些受损储层的气体流量恢复正常，并保持在一定水平。在俄罗斯的 Korobkov 气藏，酸化压裂很好地提高了钻井中受到钻井液伤害的井的产量。酸化效果最明显的还是裂缝发育的储层部分，这些部分经酸化处理后成为最高产的部分。钻井中钻井液沿着裂缝侵入不仅降低产量，还增加储层精确识别评价的难度。由于有这个问题存在，很多气藏必须采取有效的测录井措施，否则很多有效产层容易被忽略，使得预计的地质储量和采收率都偏小。

北海的 Barque 和 Clipper 气田的 Rotliegend 储层局部裂缝发育，该层采气速度很高。由于裂缝发育地带通常被大面积的无裂缝岩石所分隔，所以整个区域仍不具产能。大多数井都力争钻到天然裂缝发育的部位，避免打到不发育的部位。每个气田只有少量井实施了水力压裂。相反，附近的 Ravenspurn North 气田，同样开采 Rotliegend 储层，但并无天然裂缝且每口井都经过大量的水力压裂。尽管 3 个气田都具有相同的趋势，开采相同的储层，但不同的开发方式使得天然裂缝不发育的 Ravenspurn North 气田反倒具有较高的采收率，为 73%，高于天然裂缝发育的 Barque 和 Clipper 气田，采收率仅为 46%。裂缝网络的非均质性和层内连通性对致密、裂缝不发育的气田采收率有很大的影响。

二次压裂使产量得到恢复，具有经济技术可行性，但需要把握压裂技术的界限和压裂时机。如 Jonah 气田生产 3a 后进行二次压裂，日产气量由压裂前的 $1.5 \times 10^4 m^3$ 提升到 $18 \times 10^4 m^3$，接近第一次压裂后日产气量 $21 \times 10^4 m^3$。理论研究表明，二次压裂存在技术经济界限，如果二次压裂增产倍数有限，从经济效益考虑不宜采取二次压裂开发，这是因为压裂费用高，若产量提升幅度有限，会得不偿失。随着压裂增产倍数的增加，开发收益增加，且存在临界技术点。

2.2.7.2 技术进步与井网加密对低渗透致密气田开发的重要性

技术进步对气田开发指标影响大，能显著提高气田开发效果。低渗透致密气藏气井产量低、递减快、开发利润差，通过大规模水力压裂、水平井技术和二次压裂技术等措施可以提高单井产量、提升开发效益，从而取得更好的开发效果。Sohlingen 气田主力产层致密，渗透率小于 0.06mD，主力层埋深 4600m。气田初期直井压裂效果一般，压后平均产量为 $12.7 \times 10^4 m^3/d$，压后前 5a 产量递减快，单井累计产量 $1.79 \times 10^8 m^3$，没有达到经济开发最低界限的要求。通过进一步试验攻关表明，采用多段压裂水平井可达到预期经济效益，并成功钻获 Z10 试验井，初始产量为 $48 \times 10^4 m^3/d$，为直井产量的 4 倍，前 6mon 累计产量为 $0.66 \times 10^8 m^3$，生产 6a 后累计获产 $5.94 \times 10^8 m^3$，技术进步促成了气田规模开发。

井网加密是大幅度提升气田开发效果的关键因素。对于渗流能力较好的气田，稀井网也能够动用全部储量，增加井数只能提高气田采气速度，对提高气田最终采收率作用不大。但当气田物性较差、非均质性强和连通性差时，井控范围非常低，一般一次井网不能有效控制储层，储量动用程度低，井网加密成为提高采收率的最关键因素。Moxa Frontier、Wattenberg、Jonah、Rulison 和苏里格苏 6 区块等都经历过井网密度逐步加大、储量动用程度不断提升、采收率不断增加的过程（图 2.24）。

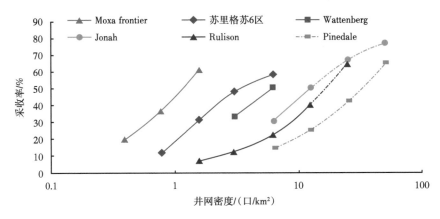

图 2.24　井网密度与采收率的关系

经济界限决定最大井网密度，财税政策影响气田开发效益进而决定气田加密程度和最终采收率。政策是影响天然气开发效益的直接因素，通过提升气价，降低税收标准，可以显著提高气田开发效益，动用更低层位的储层。Pecos Slope 气藏为低渗透致密气，气价下降后，生产规模降低，随气价升高，钻井数量增加（图 2.25）。据康菲石油公司预测，低渗透致密气等非常规气初期开发的利润有 30% 来自政策支持，这类资源的开发很大程度上得益于政府的优惠政策，刺激政策助推了低渗透致密气资源的规模经济开发。

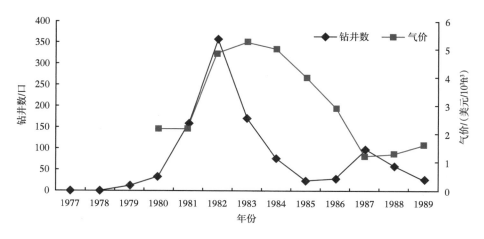

图 2.25　Pecos Slope 气田钻井活动与气价的关系

2.3　影响因素综合评价

第 2.2 小节评价了单因素对开发指标（主要是采收率）的作用机理，下面进一步量化评价每个因素的综合敏感程度。评价方法选取多元线性拟合方法，即通过拟合系数判断每个因素的重要程度。具体分为三步：

（1）影响因素的量化。根据量化需要，将影响因素分为三类：定性指标、定量且需要处理指标、定量且无须处理指标。

定性影响因素有产状、驱动类型、水体类型、裂缝发育程度、储层岩性、地理地貌、气体类型和沉积相八个影响因素。定性指标则需要一套完整的量化方法，考虑到综合评价方法是多元线性拟合方法，要求每个因素的量化指标结果呈现近似等差、均匀分布特征，因此结合定性影响因素与采收率的相关关系，确定每个定性影响因素的量化打分标准（表 2.4）。总体上，量化打分值与开发指标的关系是近似线性相关的。

表 2.4　定性指标量化标准

影响因素	特征	量化大小
储层产状	块状 / 整装	9
	层状 / 整装	7
	层状 / 多断块	5
	多层 / 无主力层	3
	透镜状	1

续表

影响因素	特征	量化大小
驱动类型	弹性气驱	8
	碎屑岩弱水驱	6
	碳酸盐岩弱水驱	5.9
	中等水驱	4
	强水驱	2
	水淹	0.1
水体类型	无水	10
	岩性地层圈闭为主的边水	7
	构造圈闭为主的边水	5
	底水	1
裂缝发育程度	一类：基质低孔低渗透，裂缝储存、裂缝渗流空间	10
	二类：基质中孔低渗透，基质储存，裂缝渗流	8
	三类：基质高孔低渗透，基质储存，裂缝渗流	6
	四类：基质存储、基质渗流	4
沉积相	风成沉积	8
	海相	6
	三角洲相	4
	河流相湖相	2
储层岩性	碳酸盐岩	10
	碎屑岩	5
地理地貌	陆上	10
	海陆过渡	8
	海上	5
气体类型	干气藏	10
	凝析气藏	5

定量且需要处理的指标有渗透率、储量丰度、油气比、层数、烃类气含量和有效厚度六个。因为这些因素的影响分布并不均匀，呈现出不规则分布特征，因而需要特别处理使其呈现均匀分布特点。其中，渗透率、储量丰度和油气比分布范围大、呈现等比特征，因此进行对数化处理。层数、烃类气含量和有效厚度存在"极值"特点，例如层数一般为1~10层，但是极少数气田达到50层以上，线性拟合时存在"大数吃小数"现象，即拟合结果仅能体现出多层数气田信息，而针对少层气田拟合结果无法体现出来。层数、烃类气含量和有效厚度等采用分段函数处理，其中层数大于10层后都设定为10层，厚度大于350m后都设定为350m，烃类气含量小于60%时都设定为60%（图2.26）。

定量且无须处理指标，包括埋藏深度等其他八个影响因素。它们本身即为量化指标，且分布比较均匀，因而可以直接使用这些影响因素的数值。

（2）量化指标无量纲处理。不同参数量纲不同，因而需要无量纲处理。无量纲处理过程中，一般参数基于最大值和最小值，采用相对大小进行无量纲处理。

（3）回归拟合系数。基于多元线性回归方法，拟合不同参数与开发指标的相关系数，相关系数代表权重，根据参数权重量化影响因素的敏感程度。

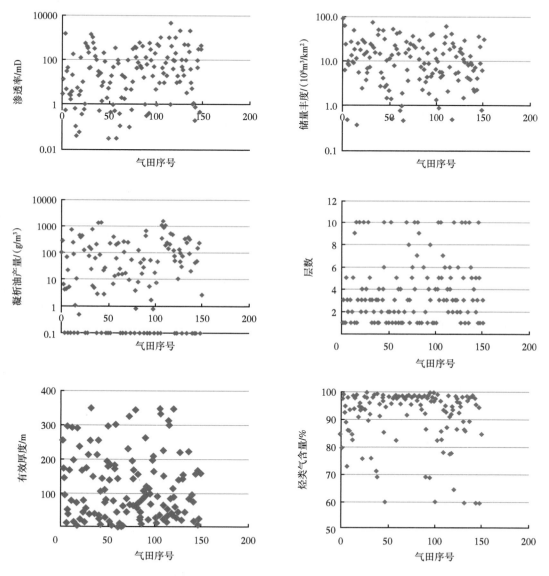

图 2.26　六个定量影响因素分布散点图

基于以上影响因素的量化处理，引入多元线性拟合方法，分析评价 23 个影响因素和决策变量与开发指标的关系。以采收率影响因素为例，最敏感的客观因素为驱动类型、基质渗透率、储层产状、压力系数和气体类型等，决策因素措施工作量和井网完善程度影响也较大（图 2.27）。

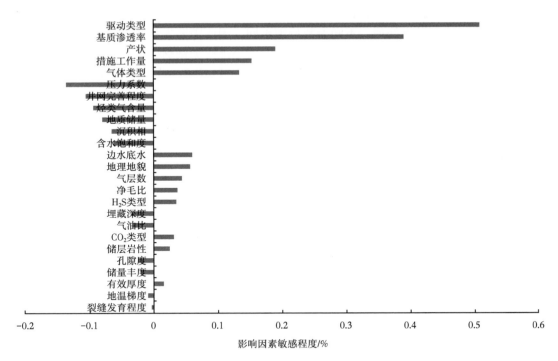

图 2.27　大气田采收率影响因素敏感图

综上，为了更加科学地预测气田开发指标大小，结合理论推导、矿场统计和数值模拟等多种手段分析确定了开发指标主要影响因素，研究认为基质渗透率、驱动类型、储层产状和流体类型是开发指标的主控因素，储层岩性间接影响开发指标大小。各影响因素与开发指标之间关系如下：

（1）采收率与基质渗透率呈正相关性，随渗透率增加采收率呈增加趋势。一般而言，基质渗透率在 0.1~1mD 的气藏采收率 30%~60%，1~20mD 时采收率 50%~90%，当基质渗透率大于 20mD 时，渗透率不再是决定开发指标的最主要因素。裂缝能极大地提高储层有效渗流能力，且对低渗透气藏影响程度远大于中高渗透气藏，当有效渗透率大小相同时，孔隙型气藏采收率较裂缝型气藏采收率高，因而不能简单地使用有效渗透率描述裂缝孔隙型气藏开发效果。低渗透致密气藏采收率受井网加密程度和技术水平控制，但加密程度取决于经济条件和财税政策。

（2）驱动类型对采收率有较大影响。随着水体强度减小，采收率分布峰值有增大的趋势，其中强水驱气藏采收率范围 12%~81%，平均 49%；中等水驱气藏采收率 42%~80%，平均 59%；弱水驱气藏采收率范围 48%~93%，平均 77%；弹性气驱气藏采收率范围 35%~95%，平均 70%。气田开发最大的风险是水侵，水侵主要与含水层展布、储层类型、采气速度、完井层段和井位部署有关。通常水侵发生在具有双孔隙系统和活跃边底水的气藏中，通过产量精细控制、井位科学部署和完钻层位控制，可以使产水量达到最小，早期有效避水措施比后期排水治水更紧迫、重要和有效。

（3）一个大气田往往由很多个气藏组成，气藏复杂程度决定了气田连通程度、开发难易程度和最终的开发效果，储层构造越复杂开发效果越差。其中，层状整装气藏或块状整装气藏连通性好，平均采收率为 72%；层状 / 多断块气藏和多层且无主力层气藏，平均采收率为 60%。透镜状气藏储层连通性差，单井控制储量很小，经济条件限制了气井数量和储量动用程度，平均采收率仅为 36%。

（4）凝析气藏采收率包括凝析气和凝析油采收率。凝析气藏采收率主要受开采方式影响，研究发现决定凝析气藏是否采取回注方式的关键参数分别是凝析油含量、储层渗流能力（渗透率）和连通性（净毛比、产状），凝析油含量较高（油气产量比大于 100g/m³）、储层渗流能力较好（渗透率大于 10mD）和气藏连通性较好（净毛比大于 0.4 的整装气藏）的气田更适合采取回注开发方式。

（5）储层岩性间接决定开发指标大小。不同岩性与采收率的统计关系差异不明显，但是不同岩性代表了不同的气藏环境，进而影响气田地质参数变化，其中碎屑岩气田渗透率越低，孔隙度越低，含水饱和度越高，而碳酸盐岩气田孔隙度、渗透率和含水饱和度之间的关联性很差，因此认为岩性可以通过影响渗透率等关键参数，间接影响采收率等开发指标。

第3章 大气田开发规划技术指标预测方法

大气田开发规划技术指标预测方法是评价大气田的基本手段。气田开发早期，经验公式法、经验取值法和类比法是开发指标研究最主要的方法。但是经验公式法仅是针对特定区域、特定气田类型的采收率预测，经验取值法的气田类型划分存在交叉、基础数据不扎实的问题，类比方法仅停留在定性或半定量、半定性水平。目前针对这三类方法的不足，大气田开发规划技术指标预测方法又有了进一步的发展和完善，可以更加快速、准确地评价不同类型气田采气速度、稳产期、递减率和采收率等指标，大幅度减少工作量。

3.1 开发规划技术指标预测方法研究

3.1.1 线性经验公式预测法

经验公式是大气田开发规划技术指标和主控因素之间相互关系的体现。根据拟合原理的不同，经验公式预测法一般分为线性和非线性预测法两种。

大气田开发规划技术指标包括可采储量采气速度、稳产期、稳产期末采出程度、递减率和采收率等，考虑开发指标之间的相关性，一般先根据气田特征确定采气速度，然后根据采气速度和 23 个主控因素拟合稳产期末采出程度和采收率的经验公式，最后根据开发指标之间的理论关系求取稳产期和递减率，因此需要首先确定稳产期末采出程度和采收率的经验公式。线性回归是一种在实际应用中广泛使用的回归分析类型，比非线性模型更容易拟合，一般线性回归都可以通过最小二乘法求解。

线性回归主要有两大用途：（1）给定一个因变量 Y 和一些自变量 X_1，$\cdots$，X_p，线性回归分析可以用来量化 Y 与 X_j 之间相关性的强度，评价主要相关数据项。（2）如果目标是预测，线性回归可以根据基础样本数据集的因变量和自变量拟合出一个预测模型，对于一个新样本，可以根据拟合好的预测模型，评价新样本的因变量大小。

大气田开发规划技术指标受多因素影响，为了建立开发指标与这些影响因素之间的关系，引入了多元线性回归方法。多元线性回归数学模型可描述为：设因变量 Y（采收率等）的自变量个数为 p（驱动类型、储层产状、渗透率等），并分别记为 X_1，X_2，$\cdots$，X_p，并假定这些自变量 Y 的关系是线性的，即有式（3.1）成立：

$$Y = \beta_0 + \beta_1 X_1 + \beta_2 X_2 + \cdots + \beta_p X_p + \varepsilon \tag{3.1}$$

其中，ε 为常数项，β_0、β_1、β_2、$\cdots$、β_p 与 X_1、X_2、$\cdots X_p$ 为无关的未知参数。β_0、β_1、β_2、$\cdots$、β_p 等系数的求解就是采用最小二乘法估计参数。

线性拟合法的优势是可以根据气田主要地质参数快速预测不同类型气田的采气速度、稳产期、稳产期末采出程度、递减率和采收率等开发指标大小。以气田采收率预测结果为例，全部 150 个气田拟合平均误差为 17.64%。

一般而言，随着气田种类的不断细化，预测误差会不断缩小。为此，基于开发指标主控因素进一步细分了气田类型，将气田分成碳酸盐岩气田、中高渗透碎屑岩气田（基质渗透率大于 10mD）、中低渗透碎屑岩气田（基质渗透率 0.1~10mD）和低渗透致密碎屑岩气田（基质渗透率小于 0.1mD）等 4 大类、13 小类（图 3.1）。从拟合结果看，51 个碳酸盐岩气田拟合平均误差为 12.24%，68 个中高渗透碎屑岩气田拟合平均误差为 12.54%，24 个中低渗透碎屑岩气田拟合平均误差为 6.03%，不同类型气田的拟合精度都有一定幅度的提高。

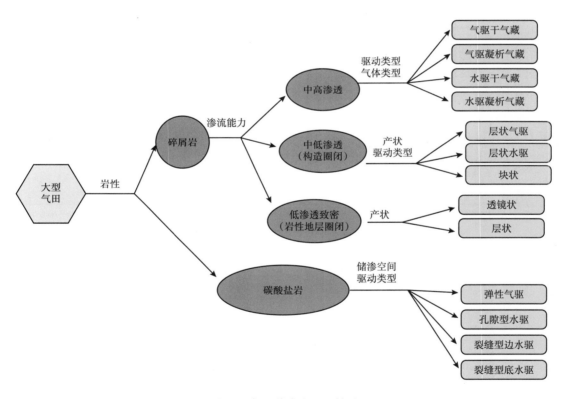

图 3.1 气田分类流程及结果

由于已开发成熟的低渗透致密气田数量少（13 个），拟合经验公式意义不大，因而没有拟合该类气田的经验公式。碳酸盐岩气田、中高渗透碎屑岩气田和中低渗透碎屑岩气田经验公式分别见 3.1.1.1、3.1.1.2 和 3.1.1.3 节。

3.1.1.1 碳酸盐岩气田

整理碳酸盐岩气田地质和开发指标大小，拟合相关系数，其中图 3.2 为采收率拟合效果，图 3.3 为稳产期末采出程度拟合效果。

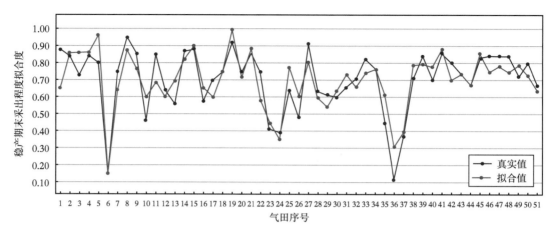

图 3.2　碳酸盐岩气田采收率拟合效果

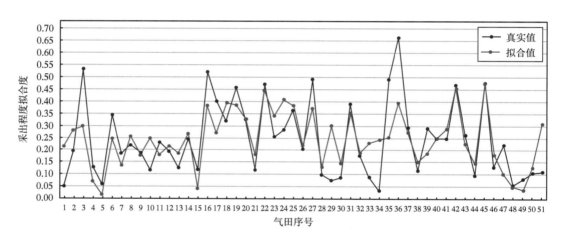

图 3.3　碳酸盐岩气田稳产期末采出程度拟合效果

采收率经验公式见式（3.2）：

$$(y-0.12)/0.83 = -0.2416767(x_1-30)/28639 - 0.02915579(x_2+0.6)/4.8$$
$$+0.1110545(x_3-5)/5 + 0.2293824(x_4-444.69)/5616.87$$
$$+0.2212734(x_5-3)/6 - 0.2188983(x_6-2)/4$$
$$+0.2964416(x_7-1)/9 + 0.00116837(x_8-0.1)/0.9$$
$$+0.008755259x_9 + 0.1635397(x_{10}+3.506558)/9.498023$$
$$+0.144903(x_{11}-1.1)/33.9 + 0.05941968(x_{12}-8)/42$$
$$-0.1026884(x_{13}-1)/9 + 0.5322301(x_{14}-0.1)/8$$
$$+0.1427419(x_{15}-1)/9 + 0.2335871(x_{16}-2)/8$$
$$-0.2019263(x_{17}-60)/39 + 0.09880611(x_{18}-1)/8$$
$$+0.0009127(x_{19}-1)/6 + 0.1149384(x_{20}+2.302585)/9.409191$$
$$-0.1860444(x_{21}-1.3)/8.2 - 0.2815682(x_{22}-0.3)/1.7$$
$$-0.07499194(x_{23}-6)/297$$

（3.2）

稳产期末采出程度经验公式为：

$$(z-0.03)/0.636 = +0.1218866(x_1-30)/28639 - 0.5033937(x_2+0.6)/4.8$$
$$+0.08529966(x_3-5)/5 + 0.1478513(x_4-444.69)/5616.87$$
$$-0.1490409(x_5-3)/6 - 0.1771399(x_6-2)/4$$
$$-0.0800649(x_7-1)/9 - 0.1286151(x_8-0.1)/0.9$$
$$-0.04156859x_9 + 0.1082884(x_{10}+3.506558)/9.498023$$
$$+0.4165469(x_{11}-1.1)/33.9 - 0.1393298(x_{12}-8)/42$$
$$+0.3002105(x_{13}-1)/9 - 0.1840661(x_{14}-0.1)/8$$
$$+0.06651877(x_{15}-1)/9 + 0.2263273(x_{16}-2)/8$$
$$+0.5349928(x_{17}-60)/39 + 0.05310033(x_{18}-1)/8$$
$$+0.280546(x_{19}-1)/6 + 0.384435(x_{20}+2.30259)/9.40919$$
$$+0.5100664(x_{21}-1.3)/8.2 - 0.2206281(x_{22}-0.3)/1.7$$
$$+0.07699274(x_{23}-6)/297 + 0.5444069(x_{24}-0.02)/0.234 \qquad (3.3)$$

式中　y——采收率；

$\quad\quad z$——（1-稳产期末采出程度）^{2}；

$\quad\quad x_1$——地质储量；

$\quad\quad x_2$——储量丰度；

$\quad\quad x_3$——地理地貌；

$\quad\quad x_4$——埋藏深度；

$\quad\quad x_5$——产状；

$\quad\quad x_6$——沉积相；

$\quad\quad x_7$——气层数；

$\quad\quad x_8$——净毛比；

$\quad\quad x_9$——储层岩性；

$\quad\quad x_{10}$——基质渗透率；

$\quad\quad x_{11}$——孔隙度；

$\quad\quad x_{12}$——含水饱和度；

$\quad\quad x_{13}$——裂缝发育程度；

$\quad\quad x_{14}$——驱动类型；

$\quad\quad x_{15}$——边水底水；

$\quad\quad x_{16}$——气体类型；

$\quad\quad x_{17}$——烃类气含量；

$\quad\quad x_{18}$——H_2S 类型；

$\quad\quad x_{19}$——CO_2 类型；

$\quad\quad x_{20}$——气油比；

$\quad\quad x_{21}$——地温梯度，℃；

$\quad\quad x_{22}$——压力系数；

$\quad\quad x_{23}$——有效厚度，m；

$\quad\quad x_{24}$——可采储量采速，%。

3.1.1.2 中高渗透碎屑岩气田

整理中高渗透碎屑岩气田地质和开发指标大小，拟合经验公式，其中图 3.4 为采收率拟合效果，图 3.5 为稳产期末采出程度拟合效果。

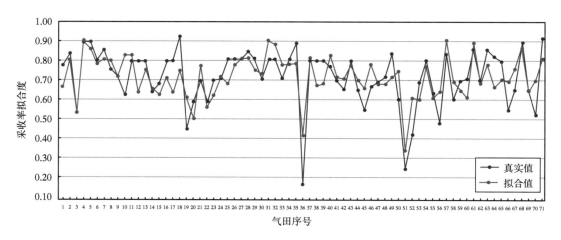

图 3.4　中高渗透碎屑岩气田采收率拟合效果

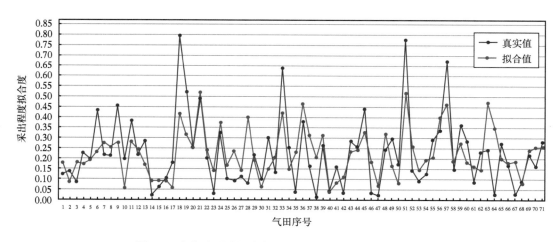

图 3.5　中高渗透碎屑岩气田稳产期末采出程度拟合效果

采收率经验公式见式（3.4）：

$$
\begin{aligned}
(y-0.16)/0.77 = &-0.1331411(x_1-82)/135192-0.0414419(x_2+0.7)/5 \\
&+0.1468286(x_3-5)/5-0.02174711(x_4-860.305)/4769.695 \\
&+0.07072844(x_5-3)/6+0.1058928(x_6-2)/6 \\
&-0.02331603(x_7-1)/9+0.07162498(x_8-0.06)/0.94 \\
&+0.04362527x_9+0.1518113(x_{10}-2.772589)/5.635533- \\
&0.1100656(x_{11}-8.9)/23.1-0.09822428(x_{12}-8)/39 \\
&+0.02033374(x_{13}-2)/8+0.3658658(x_{14}-0.1)/7.9 \\
&+0.053962(x_{15}-1)/4+0.04616353(x_{16}-2)/8
\end{aligned}
$$

$$+0.0855497\left(x_{17}-60\right)/40+0.04272504\left(x_{18}-1\right)/4$$
$$+0.0762749\left(x_{19}-1\right)/4-0.09784\left(x_{20}+2.302585\right)/9.581903$$
$$+0.1529744\left(x_{21}-1.1\right)/5.6-0.1857508\left(x_{22}-0.4\right)/1.7$$
$$+0.0831831\left(x_{23}-4\right)/346 \tag{3.4}$$

稳产期末采出程度经验公式为：

$$(z-0.009)/0.783=-0.03927336\left(x_{1}-82\right)/135192+0.02530359\left(x_{2}+0.7\right)/5$$
$$+0.08598159\left(x_{3}-5\right)/5+0.3268881\left(x_{4}-860.3\right)/4769.695$$
$$-0.2907715\left(x_{5}-3\right)/6-0.1337577\left(x_{6}-2\right)/6$$
$$-0.1950223\left(x_{7}-1\right)/9-0.0624947\left(x_{8}-0.06\right)/0.94$$
$$+0.06867694x_{9}+0.1827828\left(x_{10}-2.772589\right)/5.635533$$
$$+0.01286422\left(x_{11}-8.9\right)/23.1+0.3461946\left(x_{12}-8\right)/39$$
$$+0.03648531\left(x_{13}-2\right)/8-0.1091669\left(x_{14}-0.1\right)/7.9$$
$$-0.1809164\left(x_{15}-1\right)/4-0.05673063\left(x_{16}-2\right)/8$$
$$-0.07921662\left(x_{17}-60\right)/40-0.0419451\left(x_{18}-1\right)/4$$
$$+0.01174909\left(x_{19}-1\right)/4-0.1362116\left(x_{20}+2.3026\right)/9.5819$$
$$+0.5269316\left(x_{21}-1.1\right)/5.6-0.2524198\left(x_{22}-0.4\right)/1.7$$
$$+0.1840688\left(x_{23}-4\right)/346+0.2958305\left(x_{24}-0.016\right)/0.153 \tag{3.5}$$

3.1.1.3　中低渗透碎屑岩气田

整理中低渗透碎屑岩气田地质和开发指标大小，拟合经验公式，其中图 3.6 为采收率拟合效果，图 3.7 为稳产期末采出程度拟合效果。

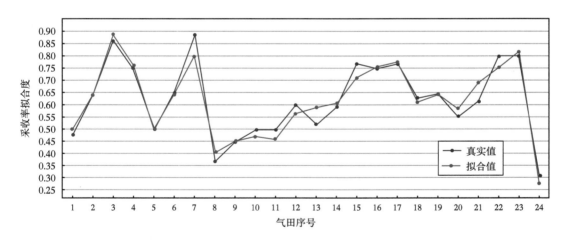

图 3.6　中低渗透碎屑岩气田采收率拟合效果

采收率经验公式见式（3.6）：

$$y/0.5770926=+1.173926\left(x_{1}-50.374\right)/3876.536$$
$$-1.284238\left(x_{2}-1.134014\right)/3.398718$$
$$+0.1258151\left(x_{3}-5\right)/5+1.844709\left(x_{4}-870\right)/5368.775$$
$$+0.1849664\left(x_{5}-1\right)/8-0.6119882\left(x_{6}-2\right)/6$$

$$-0.4066526（x_7-1）/9 +0.4067331（x_8-0.31）/0.64$$
$$-0.1405386x_9 +0.5206771（x_{10}+2.302585）/4.60517$$
$$+0.6978099（x_{11}-3）/24.5 +0.01646857（x_{12}-17）/38$$
$$-0.7034281（x_{13}-2）/8 -0.6847992（x_{14}-2）/6$$
$$-0.2166901（x_{15}-1）/9 -0.4373051（x_{16}-2）/8$$
$$+1.204921（x_{17}-69）/31 -0.3319963（x_{18}-1）/4$$
$$+0.0698804（x_{19}-1）/4 +0.244425（x_{20}+2.3026）/9.453287$$
$$+0.8171707（x_{21}-1.0228）/3.5309 -0.66517（x_{22}-1）/1.20455$$
$$+0.7766389（x_{23}-7.0104）/342.9896 +0.537 \tag{3.6}$$

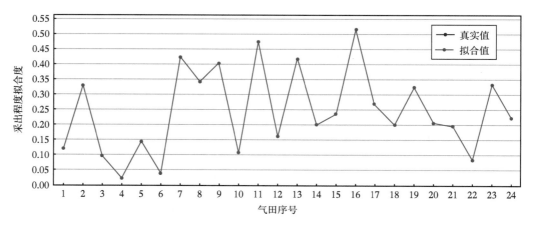

图 3.7　中低渗透碎屑岩气田稳产期末采出程度拟合效果

稳产期末采出程度经验公式为：

$$（z-0.0256）/0.489924=-1.637797（x_1-50.374）/3876.536$$
$$+0.6383594（x_2-1.134014）/3.398718$$
$$-0.2785535（x_3-5）/5 -2.320125（x_4-870）/5368.775$$
$$-0.007146537（x_5-1）/8 +0.6990671（x_6-2）/6$$
$$+0.2395761（x_7-1）/9 -0.9590942（x_8-0.31）/0.64$$
$$+0.3453904x_9 +1.045196（x_{10}+2.302585）/4.60517$$
$$-3.923657（x_{11}-3）/24.5 -0.7207315（x_{12}-17）/38$$
$$+0.01506327（x_{13}-2）/8 +1.64427（x_{14}-2）/6$$
$$-0.6689626（x_{15}-1）/9 +0.2085518（x_{16}-2）/8$$
$$-0.4466518（x_{17}-69）/31 -1.122886（x_{18}-1）/4$$
$$+0.2832916（x_{19}-1）/4$$
$$-0.3746327（x_{20}+2.302585）/9.453287$$
$$+0.2323902（x_{21}-1.02281）/3.530924$$
$$+1.638125（x_{22}-1）/1.204545$$
$$-0.3701653（x_{23}-7.0104）/342.9896$$
$$-0.03436672（x_{24}-0.03090055）/0.08769946 \tag{3.7}$$

3.1.2　神经网络预测法

与线性预测法相对应的是非线性预测法，非线性预测法最常用的是神经网络方法，又称连接机制模型或并行分布处理模型。根据美国神经网络学家 Hecht Nielsen 的观点，神经网络被认为是有多个非常简单的处理单元彼此按某种方式相互连接而形成的计算机系统，该系统靠其状态对外部输入信息的动态响应来处理信息。简单来说，人工神经网络是一种旨在模拟人脑结构及其功能的信息处理系统。人工神经网络具有联想记忆、分类识别、优化计算以及非线性映射功能。尤其是非线性映射功能，通过设计合理的神经网络对系统输入输出样本进行训练学习，从理论上能够以任意精度逼近任意复杂的非线性函数。目前该预测方法已经在信息、自动化、工程、医学和经济等领域得到广泛应用。

人工神经网络模型中 BP（back process）模型是其中研究最深入、应用最广泛的。它是一种多层前向学习模型，典型的 BP 模型内部结构图为三层 BP 网络，其中输入层节点个数对应样本的参数个数，输出层节点个数由样本学习目标的类型个数决定（如果仅以采气速度为学习目标，则 $n=1$，若以采气速度和采收率为目标，则 $n=2$）。所以确定结构的关键在于确定隐含层节点的个数，通常根据具体问题的特点和自己的经验给出。显然，隐含层节点数太少，会使网络学习得不到满意的结果，而隐含层节点数太多，会使网络学习很慢，并且会引起过拟合，使得推广能力较差。

一般对三层前向神经网络分解如下：输入层 LA 中有 m 个神经元，隐含层 LB 中有 u 个神经元，输出层 LC 中有 n 个神经元（图 3.8）。

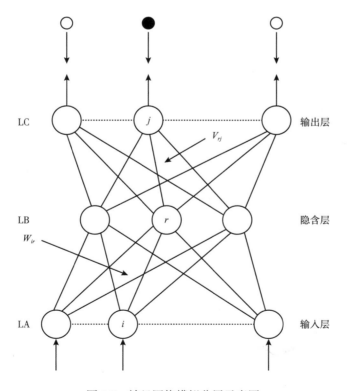

图 3.8　神经网络模拟分层示意图

BP 神经网络的学习过程如图 3.9 所示。

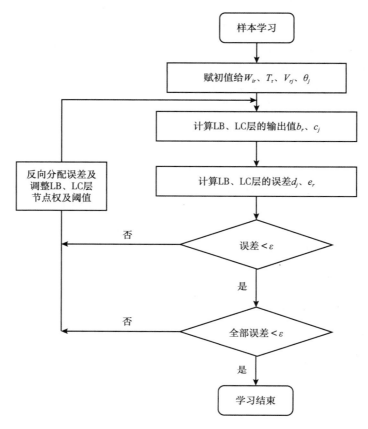

图 3.9　BP 神经网络结构流程图

　　理论上，基于 BP 神经网络的非线性预测方法可以拟合出任意精度要求的经验公式。生产应用中精度依赖于它过去历次学习所获得的经验，而经验的获得与学习样本的数量和准度有着不可分割的联系，所以需要对学习样本进行优化。一般学习样本需要满足以下条件：

　　（1）每一个样本的参数值 m 和学习目标值 n 都要知道，缺一不可。由于智能化方法没有模糊数学的变权方法，所以要求样本数据齐整。

　　（2）样本具有代表性。即学习样本里既要有好的气田，又要有差的气田。学习样本的范围决定了新气田预测结果的范围，也就是说，如果学习样本都是好气田，那么即使新气田地质条件比较差也会预测出一套好气田的开发指标结果。

　　（3）样本一般不能有奇异输入数据项。当对某一具体气田进行学习时，由于各种原因，有些气田某一参数不是实际大小，而是一个错误的数据，这个数据完全脱离了评价参数与评价目的之间的关系，那么在学习的时候就会由于这一个学习样本造成整体学习收敛过程速度慢，甚至始终达不到学习精度的要求。

　　综上，可以根据新气田客观条件和决策参数要求，完成气田类型划分和开发指标预测。

3.1.3　气田相似性综合评价法

世界上没有完全相同的两个气田，但是决定它们开发指标的关键参数可能非常相似，这些相似气田之间可以提供较好的借鉴。为此建立了气田相似性综合评价方法，该方法的关键是找到与被评价气田具有相似性的老气田。

气田相似性综合方法的优势是：全面考虑关键地质参数，避免气田筛选过程中的片面性；能够快速、有效地从大气田数据库中筛选出相似气田，减少典型气田调研工作量。

气田相似性综合评价方法分为三步。

（1）优选相似性评价指标。气田相似性评价指标包括以下 23 项：驱动类型、边水 / 底水、基质渗透率、裂缝发育程度、孔隙度、含水饱和度、气体类型、气油比、有机烃含量、H_2S 类型、CO_2 类型、产状、净毛比、气层数、地质储量、储量丰度、地理地貌、埋藏深度、沉积相、压力系数、地温梯度、储层岩性和有效厚度。

（2）评价指标的量化和无量纲处理方法。具体参见第 2.5 小节中无量纲处理方法。

（3）建立相似性综合评价方法。计算 n 维空间两点距离的方法有曼哈顿距离法、欧式距离法和标准化欧式距离法。以下是各算法的相关描述：

曼哈顿距离法（Manhattan Distance）：假设有人在曼哈顿要从一个十字路口到另一个十字路口，实际行驶距离就是"曼哈顿距离"，而这就是"曼哈顿距离"名称的来源。设两个 n 维向量 $a\ (x_{11},\ x_{12},\ \cdots,\ x_{1n})$ 与 $b\ (x_{21},\ x_{22},\ \cdots,\ x_{2n})$，它们之间的曼哈顿距离为：

$$d_{12} = \sum_{k=1}^{n} \left| x_{1k} - x_{2k} \right| \tag{3.8}$$

式中　x_{1k}，x_{2k}——第一个点，第二个点的第 k 维坐标。

欧氏距离法（Euclidean Distance）：欧氏距离为欧氏空间中两点间的距离，设两个 n 维向量 $a\ (x_{11},\ x_{12},\ \cdots,\ x_{1n})$ 与 $b\ (x_{21},\ x_{22},\ \cdots,\ x_{2n})$，他们之间的欧氏距离为：

$$d_{12} = \sqrt{\sum_{k=1}^{n} \left(x_{1k} - x_{2k} \right)^2} \tag{3.9}$$

标准化欧氏距离法（Standardized Euclidean Distance）：标准化欧氏距离是基于欧氏距离的改进方案，由于数据各维分量的分布不一样，需要将每个分量都标准化到均值或方差相等。在统计学中，假设样本集 X 的均值为 m，标准差为 s，那么 X 的标准化变量可表示为：

$$X^* = \frac{X - m}{s} \tag{3.10}$$

式中　X^*——X 的标准化变量；

$\quad\quad X$——样本集的某一个样本；

$\quad\quad m$——样本 X 的均值；

$\quad\quad s$——样本 X 的标准差。

标准化变量的数学期望为 0，方差为 1，样本集的标准化过程可描述成：标准化后的值 =（标准化前的值—分量的均值）/ 分量的标准差。经过推导可以得到两个 n 维向量

$a (x_{11}, x_{12}, \cdots, x_{1n})$ 与 $b (x_{21}, x_{22}, \cdots, x_{2n})$ 间的标准化欧氏距离为：

$$d_{12} = \sqrt{\sum_{k=1}^{n} \left(\frac{x_{1k} - x_{2k}}{s_k} \right)^2} \tag{3.11}$$

如果将方差的倒数视作是一个权重，式（3.11）则可以看成是一种加权的欧氏距离。

基于以上三种 n 维空间两点距离的计算理念和方法，特别是标准欧式距离加权重的思路，本书考虑开发指标影响因素的敏感程度，建立了基于欧式距离的加权评价气田相似性的综合评价方法，两个气田 $a (x_{11}, x_{12}, \cdots, x_{1n})$ 与 $b (x_{21}, x_{22}, \cdots, x_{2n})$ 的相似距离为：

$$d_{12} = \sqrt{\sum_{k=1}^{n} \omega_k (x_{1k} - x_{2k})^2} \tag{3.12}$$

其中，x_1 和 x_2 代表两个被评价气田，x_{1k} 和 x_{2k} 代表两个气田的第 k 个影响因素的量化大小，ω_k 代表第 k 个影响因素的权重。因而可以用 d_{12} 的大小代表两个气田的相似程度，d_{12} 越小，两个气田越相似，d_{12} 越大，两个气田差异性越大、越不具有类比性。当 x_1 和 x_2 为同一个气田时，$d_{12}=0$。

基于气田相似性综合评价方法，评价筛选了国内部分主力气田和国外的相似性气田（表 3.1）。

表 3.1　国内部分大气田的相似性气田列表

类型	国内		国外		特点
	气田名称	采收率 /%	气田名称	采收率 /%	
中高渗透碎屑岩	KL2	75	Viking	89	中高渗透、碎屑岩、整装、弹性水驱
			Troll	76	
	SB	52	Urengoy	70	中高渗透、多层、弹性水驱
	YML	57	ARE	48	中高渗透、凝析油
			Hatter's Pond	52	
中低渗透及低渗透致密碎屑岩	SLG	52	Jonah/pinedale	43	低渗透、低压、低丰度、岩性气田
	G A	45	Arbuckle	50	低渗透致密、构造岩性、含水驱
	DN	65	Low-W-Maryann	75	深层、低渗透、碎屑岩、整装
	DB	63	Leman	87	深层、低渗透、碎屑岩、复杂构造
碳酸盐岩	JB	65	Hugoton	93	低渗透低压、岩性气田、弱水驱
	DTC	68	Tyra	60	裂缝发育、中低渗透、弱水驱
	FCZ	84	Vuktyl	85	裂缝发育、边水不活跃、低渗透
	WY	35	Kotaneelee	50	裂缝发育、底水、水体活跃

3.1.4　经验取值法

3.1.4.1　中高渗透碎屑岩气田

中高渗透碎屑岩老气田主要分布在俄罗斯（乌连戈伊、扬堡）、北海（Groningen、特悦尔、Frigg）和北美三个地区。

开发指标影响因素中，驱动类型、含烃量和地理地貌影响较大，产状决定气田构造的复杂程度，它们是最重要的影响因素。基于中高渗透碎屑岩气田开发指标主控因素，可将气田进一步细分为若干小类。统计了 79 个高渗透碎屑岩气田，统计结果见表 3.2。

表 3.2　中高渗透碎屑岩气田开发指标

驱动类型	陆海/水体类型	气体类型	气田数/个	可采储量采气速度/%	稳产期/a	递减率/%	采收率/%
弹性气驱为主	陆上	干气	17	2.2~9（4.9）	3~21（7.4）	8~29（17.5）	80~92（86）
		凝析气	12	3.1~5.4（3.9）	1~16（8.6）	4~23（11.3）	75~83（79）
	海上	干气	17	2~11.2（6.2）	2~33（11.1）	7~41（13.5）	62~89（75）
		凝析气	9	3~11（6.8）	5~20（9）	12~23（15.4）	60~86（70）
中/强水驱	边水	干气	9	0.7~6.4（3.8）	1~35（12）	13~24（18.2）	整装 78~84（79）多层 50~65（57）
	底水	干气	6	2~8.9（4.8）	5~13（9）	6~41（17.3）	整装 70~80（75）
		凝析气	9	3~8.3（4.9）	6~17（11）	12~64（32.3）	53~75（67）

以采收率为例，统计表明：

（1）弹性气驱 + 陆上气田采收率高。其中，干气气田采收率在 80%~92% 之间，平均 86%；凝析气田采收率在 75%~83% 之间，平均 79%。

（2）弹性气驱 + 海上气田采收率较高。其中，干气气田采收率在 62%~89% 之间，平均 75%；凝析气田采收在 60%~86% 之间，平均 70%。

（3）中强水驱气田可以通过有效的控水排水手段降低水驱影响，统计气田中未见大规模水淹气田，采收率也较高。其中，边水驱 + 干气 + 整装气田采收率在 78%~84% 之间，平均 79%；底水驱 + 干气 + 整装气田采收率在 70%~80% 之间，平均 75%。储层结构复杂时开发较困难，例如多层的边水干气气田采收率在 50%~65% 之间，平均 57%。

在气田主要客观因素相似的情况下，底水驱气田采收率一般低于边水驱和弹性气驱气田，凝析气田采收率低于干气气田，海上气田采收率低于陆上气田。

3.1.4.2　中低渗透碎屑岩气田

中低渗透碎屑岩老气田主要分布在欧洲、北美和南美地区，以北海盆地和墨西哥湾盆地最为集中。

影响因素中，产状和驱动类型较为敏感，为此将中低渗透碎屑岩气田进一步分为块状气驱、层状气驱和层状水驱气田。统计结果见表 3.3。

表 3.3　中低渗透碎屑岩气田开发指标

产状	驱动	气田数量 / 个	可采储量 采气速度 / %	稳产期 / a	稳产期末可采 储量采出程度 / %	递减率 /%	采收率 /%
块状	气驱	4	3.1~5.2 （4）	10~17 （14.3）	51~94 （75.8）	6.3~20 （11.1）	52~87 （73）
层状	气驱	10	3.4~12 （5.6）	2~14 （10.1）	35~70 （52.9）	10~21 （14.7）	60~83 （71）
	水驱	7	3~7.1 （4.9）	5~6 （5.8）	35~65 （47.2）	13~22 （18.5）	37~70 （54）

（1）块状 + 气驱气田，底水水侵风险增大，为了降低底水锥进风险，该类型气田开发相对谨慎，采气速度一般较低（3.1%~5.2%），平均 4%，稳产期 10~17a，平均 14a，稳产期末可采储量采出程度在 51%~94% 之间，平均 76%，气田递减率平均 11%，而最终采收率较高（52%~87%），平均 73%。低渗透块状气田储层渗透率低，一般有裂缝发育，但是通过控制采气速度等措施仍然能够有效减缓水体推进速度，水侵量少，统计中未发现底水 + 水驱气田。

（2）层状 + 气驱气田的水体以环状形式分布于气藏周围，气水距离较远，水体能量弱，开发指标制定的空间较大。采气速度在 3.4%~12% 之间，平均 5.6%，稳产期平均 10a，递减率平均 14.7%，采收率平均可以达到 71%。

（3）层状 + 水驱气田水体活跃、水侵风险较大，特别是裂缝发育气田，裂缝是渗流的主要通道，水极易沿裂缝不均匀推进，微观上占据渗流通道降低气体渗流能力，宏观上水沿裂缝不均匀推进形成封闭气，降低了开发效果。统计结果表明，采气速度在 3.4%~7.1% 之间，平均 4.9%，稳产期平均 5.8a，稳产期末采出程度平均 47%，递减率平均 18.5%，相对层状 + 气驱气田采收率低，最终采收率平均 54%。

3.1.4.3　低渗透致密碎屑岩气田

全球低渗透致密砂岩气藏资源量约为 $210 \times 10^{12} \mathrm{m}^3$，主要分布在北美、南美、非洲、俄罗斯、中亚及中国，进入大规模商业开发的低渗透致密气田主要集中在北美地区。

低渗透致密碎屑岩气田储层渗流能力弱、连通性差、非均质性强、无边底水，一般以岩性地层圈闭为主，气井产量低、递减快、经济效益开发难度大。受技术和经济条件限制，国内外已开发低渗透致密气田较少。从少数几个开发成熟气田看，井网密度、技术水平及技术政策等人为因素作用明显，特别是透镜状气田井间连通性差、井控范围小，稀井网储量动用程度低，不同加密程度采收率差异大。将低渗透致密气田划分为透镜状和层状两种情况，统计了国内外低渗透致密碎屑岩气田开发指标，结果见表 3.4。

表 3.4　低渗透致密气田开发指标

产状	气田量 /个	可采储量采气速度 /%	稳产期 /a	稳产期末可采储量采出程度 /%	递减率 /%	采收率 /%
透镜状	8	1.4~6.0（3.3）	3~32（12）	15~68（45）	5~20（10.5）	20~75（36）
层状	4	1.5~3.4（2.5）	7~26（18）	55~73（63）	7~11（9）	43~80（58）

（1）透镜状气田可采储量采气速度 1.5%~6%，平均 3.3%；稳产期 3~32a，平均 12a；稳产期末采出程度 15%~68%，平均 45%；递减率 5%~20%，平均 10.5%；采收率低（20%~75%），平均 36%。

（2）层状气田可采储量采气速度 1.5%~3.4%，平均 2.5%；稳产期 7~26a，平均 18a；稳产期末采出程度 55%~73%，平均 63%；递减率 7%~11%，平均 9%；采收率较低（43%~80%），平均 58%。

3.1.4.4　碳酸盐岩气田

统计了全球共 95 个大碳酸盐岩气田，其中老气田 52 个，累计探明可采储量 $73.8 \times 10^{12} m^3$，主要分布在中东（北方气田，南帕兹）、俄罗斯西南部（阿斯特拉罕、奥伦堡、乌克蒂尔、谢别林卡）、欧洲大陆（Lacq、Meillon）、北美（胡果顿）和东南亚（苏伊、阿努）。

碳酸盐岩气田开发指标影响因素中，驱动类型是最主要的。一般碳酸盐岩气田裂缝比较发育，复杂缝网是水淹的主要因素，考虑驱动类型与储渗空间的相互关系，将碳酸盐岩气田细分为弹性气驱、孔隙型水驱、裂缝型底水驱和裂缝型边水驱四种情况。不同碳酸盐岩气田开发指标统计结果见表 3.5。

表 3.5　碳酸盐岩气田开发指标

类型	气田个数	可采储量采气速度 /%	稳产期 /a	稳产期末可采储量采出程度 /%	递减率 /%	采收率 /%
弹性气驱	28	2~13.6（5.1）	1~20（10.1）	19~70（54.8）	3.8~22（10.2）	孔隙型（1）中高渗透：70~90，平均 82；（2）低渗透，miskar 四层 40，berlin 整装 80 裂缝型（1）低孔隙度高渗透 80~90，平均 87（2）低孔隙度低渗透 60~80，平均 69（3）高孔隙度低渗透，50~60，平均 55
孔隙型水驱	7	2.8~4.9（3.8）	5~18（9.3）	28~31（29.3）	5~19（11.3）	中高渗透：50~80，平均 71
裂缝边水驱	7	3.2~12.2（7.7）	1~17（7.8）	31.4~72.5（54.4）	14~29（21.4）	中活跃 55~75，平均 64
裂缝底水驱	10	2.3~14.2（8.8）	1~14（3.7）	18.4~56.6（40.1）	5.1~20.2（14.5）	（1）措施有效，40~50，平均 45；（2）开发失败，10~30，平均 20

（1）弹性气驱气田无须考虑水侵的影响，开采方式采用衰竭开发，开发相对容易，采气速度范围大，可采储量采气速度为2%~14%，平均5%，通常会有较长的稳产期，平均10a，稳产期末采出程度高，达55%，最终采收率由储集空间类型和储层物性决定。对于中高渗透储层，具有非常好的压力传导性，气藏内压降一致，开发相对容易，开发方式灵活，既可以采用低采气速度长期稳产方式，也可以采用相对高的采气速度满足市场需求，两种方式都能够获得较高的采收率，据统计该类气田采收率通常在80%以上，其中孔隙型中高渗透气田平均82%，裂缝型中高渗透气田平均87%。对裂缝型低渗透气田，有效渗透率往往能达到基质渗透率的2~4个数量级，气井产能高，气田仍能取得较好开发效果，平均采收率70%左右。对于发育少量裂缝的低渗透率储层，特别是白垩质泥灰岩储层，孔隙度保持在原始状态，孔隙度很高，但是由于裂缝不发育，基质渗流能力很差，气田开发只能选择在储层较好部位，气田整体开发效果一般，统计表明该类气田平均采收率约55%。

（2）孔隙型水驱气田主要为礁滩相沉积，基质渗透率较高，开发指标与中高渗透砂岩水驱气田类似。采收率为50%~80%，平均71%。

（3）相对裂缝底水驱气田，裂缝型边水驱气田开发风险和难度均有所降低，特别是中等—弱边水驱的裂缝性气田，采收率与气田管理紧密相关。单井产量和完钻层位的精确控制对于提高最终天然气采收率非常重要。法国的Meillon气田是具有中等采收率（55%~65%）气田的典型代表，无水采气期到1968年末，气田稳产至1979年。1978年该气田出现局部水窜，天然气产量从1982年到1990年快速降低，1989年有限的排水使相邻天然气井又重新出现气流，使天然气产量得到显著增加。

（4）裂缝型底水驱气田采收率与人为因素关系较大，一般措施有效、未发生大规模水淹气田的采收率为40%~50%，平均45%，而措施不当、发生气田水淹的气田采收率仅为10%~30%，平均20%。

综上，不同类型大气田开发指标主要影响因素和开发规律有差异，因此开发对策需要因地制宜。例如，低渗透致密碎屑岩气田储层低孔隙度低渗透、连通性差、非均质性强、无边底水、以岩性地层圈闭为主，气井产量低且稳产能力弱。该类气田需要根据储量经济性择优动用，通过区块接替和井间接替稳产。再如，中低渗透碎屑岩气田储层低孔隙度低渗透、裂缝发育、以构造地层圈闭为主，气井产量受裂缝发育影响大，边底水对开发影响大，因而需要抓好前期评价，注重评价和防范水侵风险，稳产方式以气井稳产＋区块接替为主；而中高渗透碎屑岩气田储层高孔隙度高渗透、连通性好、构造地层圈闭，单井产量高，稳产能力强，气田需要适度控制采气速度，保护性开发。碳酸盐岩气田一般裂缝发育、非均质性强，裂缝对气田开发是双刃剑，开发过程中需要特别重视裂缝和水体耦合关系研究。

3.1.5　概率经验取值法

在统计学上讲，经验概率是一个被估算的概率值，或称为概率的估算值。给定一个事件A，事件A的经验概率＝事件A发生次数/全部观测次数。在简单情况下，这样一个试验的结果只决定某特定事件是否发生。此时，可以用二项分布法进行建模，然后用最大似然法进行经验概率的估算。同样，如果已对概率的先验值做了具体的假设，则可以用贝叶斯法进行估算。如果一个试验包含更多信息，则可以做基于统计模型的进一步假设以改进经验概率。如果这个模型合适，则它可以被用来推导一个特定事件的概率。

统计发现，开发指标一般符合非对称分布特征。然而，多数决策者会在确定了开发指标取值区间范围后，取该区间的最大值和最小值的平均作为最后推荐取值，这种做法适合于具有对称分布规律的指标，不适合气田开发指标取值研究。例如某类型气田采收率范围区间在 10%~90% 之间，平均值为 50%，采收率集中分布在 40%~90% 之间，集中区间的平均值为 65%，而从该类气田累计概率曲线看 P50 对应的采收率为 74%，即有接近一半的气田采收率为 74%，代表了该类气田最可能情况和最客观的采收率大小。对比可见，取平均值和取概率中值的做法将带来至少 10% 的绝对误差，影响较大（图 3.10）。

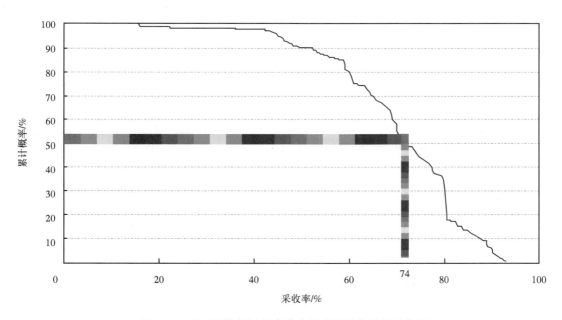

图 3.10　基于开发指标概率分布规律的取值结果示意图

为此，结合大量统计分析，得到了不同类型气田开发指标累计概率分布曲线，形成了开发指标概率取值法。概率取值法是按可靠程度推荐开发指标大小，可以确定评价气田在 P10、P50、P90 等不同概率时开发指标大小，能够更加客观评价新气田合理开发指标大小，也能够为老气田开发效果评价提供依据。

3.2　开发指标预测系统研制

为方便气田开发指标预测方法的使用和推广，借助 Visual Studio 编译平台，编制了"气田开发指标预测系统"（软件编号 RJ20140081），该软件是在气田开发指标预测方法集成基础之上形成的有形化成果（图 3.11 和图 3.12），具有自主知识产权。

图 3.11 "气田开发指标预测系统"界面

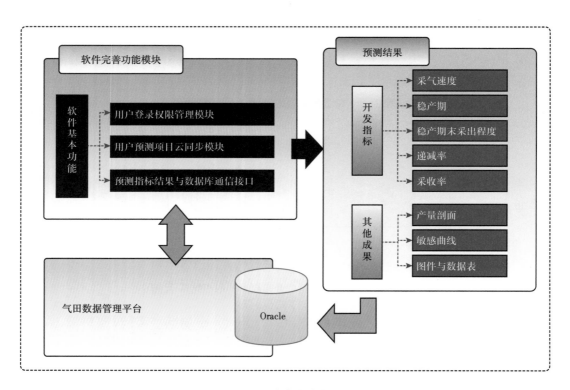

图 3.12 软件框架构成

3.2.1 运行环境

软件编译工具为 Microsoft Visual Studio 2010。

主要运行环境参数为：

CPU：双核 2.0 以上，建议使用酷睿 i5 以上配置；

内存：2G DDR3 以上，建议使用 4G DDR3 以上内存；

硬盘：160G 以上，根据用户需要自行配置硬盘大小；

显卡：建议独立显卡 512M 以上，根据用户需要自行配置显卡性能；

显示器：分辨率最低为 1366×768，建议分辨率为 1920×1200；

操作系统：Windows XP/Vista/7 及后续版本。

3.2.2　软件功能特点

"气田开发指标预测系统"软件可以根据用户输入的数据对大气田的开发指标进行预测分析。其功能特点如下：

（1）多指标。预测气田开发指标包括采气速度、稳产期、稳产期末采出程度、递减率和采收率。气田开发指标之间存在相关性，因此应结合矿场统计和理论研究结论开展开发指标预测。气田开发指标预测总思路是：首先确定采气速度（或稳产期），然后根据开发指标主控因素预测稳产期末采出程度和采收率，最后根据理论关系确定递减率和稳产期（若先确定稳产期，则此时根据理论关系确定采气速度）。

（2）多方法。预测模型包括线性预测法、神经网络预测法、类比预测法、概率取值法和经济效益最优法等方法，通过软件实现了开发指标的智能化、自动化评价。线性预测法和神经网络预测法基于不同类型气田开发指标体系的经验公式预测开发指标，该方法能够显示误差数据表、拟合参数和实际分析数据。类比预测法能够显示可类比气田、实际分析数据。概率经验取值法能够进行地质特征概率评价、开发指标概率评价，给出不同可信程度时气田开发指标大小。经济效益最优法能够给出气田全生命周期内不同开发指标组合对应的累计折旧净现金流，从而确定效益最大时对应的开发指标。总之，以上方法可以根据气田主要地质参数快速、准确评价气田采气速度、稳产期、稳产期末采出程度、递减率和采收率等指标。

（3）多气田类型。可以评价碳酸盐岩、中高渗透碎屑岩、中低渗透碎屑岩和低渗透致密碎屑岩等 4 大类 13 亚类气田开发指标，气田划分无交叉，基础数据涵盖了国内外已开发成熟气田的大多数，基础较扎实、覆盖范围广，不再仅仅针对特定区域、特定气田类型，因而形成的气田开发指标预测软件更加系统。

（4）多种用途。既可以应用于新气田开发指标取值和开发对策优化研究，也可以应用于已开发老气田开发指标对标分析和开发效果评价，由于需求数据少、应用方便，因而该软件能够对气田进行批量处理，满足天然气开发规划评价气田数量多的需求（图 3.15）。

（5）用户化管理，操作方便。"气田开发指标预测系统"软件通过特定用户登录的方式加载相对应的结构以及查询组件信息，实现数据输入、数据存储和数据管理。数据输入指用户组织结构创建完成后，加载老气田数据、新气田数据以及预处理设置的参数信息等。当针对具体的气田节点和预测方法节点输入计算数据和计算参数后，可通过保存按钮，将具体数据值保存到数据库中，用户下次登录的时候，可以动态读取当前的用户解决方案。在已经加载的组织结构方案中，可以对当前任意预测方案节点进行编辑，包括新建节点、编辑节点或者删除节点，此类操作均会响应到数据库中。

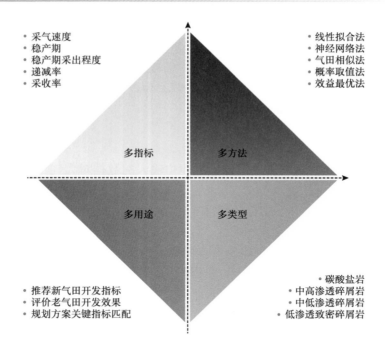

图 3.13 "气田开发指标预测系统"特点

3.2.3 有效性分析

3.2.1 中提及的"气田开发指标预测系统"软件拟合结果较好，全部气田、碳酸盐岩气田、中高渗透碎屑岩气田和中低渗透碎屑岩气田拟合平均误差分别为 17.64%、12.24%、12.54% 和 6.03%，精度较高。

同时，将气田数据分为拟合样本和验证样本两部分，通过验证样本评价指标预测系统的有效性。应用该软件预测了国外 20 个气田采气速度，有 14 个气田误差在 10% 以内，占总数的 70%（图 3.14）；预测了国内 6 个老气田的采气速度，预测符合率平均值超过 80%，其中 3 个达到 90% 以上（图 3.15）。总体上看，该软件系统具有较高拟合精度，预测符合率平均超过 80%。

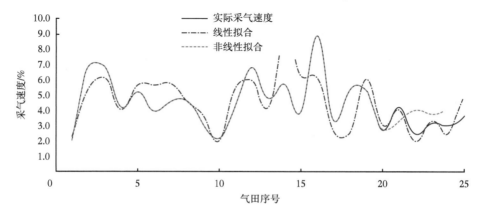

图 3.14 国外 20 个气田采气速度拟合效果与实际对比

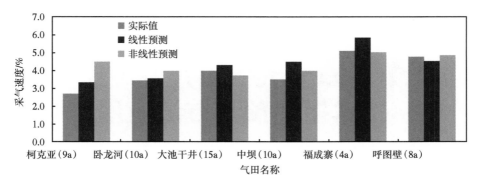

图 3.15   国内 6 个老气田采气速度拟合效果与实际对比

综上，新建立的开发指标预测方法可用于新气田开发指标快速评价和产量趋势预测，也可用于老气田开发效果评价及调整潜力评估，在系统性、实用性和有效性方面均较常规方法有所提高（表 3.6）。

表 3.6   新方法与传统方法对比

方法构成	传统矿场分析方法（类比法、经验公式法、经验取值法等）	新方法（线性经验公式法、神经网络预测法、气田相似性综合评价法、概率经验取值法等）
气田分类	有交叉	无交叉
评价对象	针对特定区域、特定气田类型	绝大多数气田类型
预测指标	以采收率预测为主	采气速度、稳产期、稳产期末采出程度、递减率、采收率
考虑因素	影响因素单一，主观性强	23 个主要影响因素
是否量化	定性或半定量半定性	定量化评价，最大化排除人的干扰
可靠性	较可靠	精度较高，较可靠，满足宏观规划编制需求
方便程度	方便，但不系统	基于主要地质参数预测开发指标，实现定量评价，操作方便
基础数据代表性	数据少，含未开发气田数据，可靠性受限	站在全球角度广泛收集数据，已开发成熟气田为基础，数据可靠扎实

第4章 大气田开发规划 技术指标预测方法应用

大气田开发规划技术指标预测方法及开发指标专家预测系统，既可以应用于新气田开发指标取值和开发对策优化研究，也可以应用于已开发老气田开发指标对标评价和开发效果评价。本章将分别以磨溪区块龙王庙组气藏和国内已开发典型气田为例，介绍开发指标预测方法的应用效果。

4.1 新气田开发指标取值——以安岳气田龙王庙组气藏为例

安岳气田龙王庙组气藏探明天然气地质储量 $4404 \times 10^8 m^3$，是目前我国探明储量最大的单体整装碳酸盐岩气藏。

以国内外 70 个碳酸盐岩气田为对标基础，对龙王庙组气藏主要特征特殊性进行了评价（表 4.1）。结果认为，磨溪区块龙王庙组气藏的特殊性表现在：发育面积大（大于 15%），储量规模大（大于 14%），埋藏深（大于 12%），压力高（大于 6%），压力系数大（大于 6%），温度高（大于 18%），裂缝发育（大于 6%），孔隙度低（小于 82%），单井产量高（大于 9.8%）。可见，龙王庙组气藏是一个比较特殊的气藏，高效开发意义重大。

表 4.1　安岳气田龙王庙组气藏主要参数大小

参数	气田数量	最小值	最大值	平均值	龙王庙组气藏	排名	大于概率 /%
面积 $/km^2$	67	1.210	16200.00	603.97	511.00	10	14.93
天然气地质储量 $/10^8 m^3$	63	30.650	396480.00	7974.29	4404.00	9	14.29
天然气可采储量 $/10^8 m^3$	70	18.390	311538.00	6712.68	3082.00	12	17.14
地质储量丰度 $/（10^8 m^3/km^2）$	63	0.520	86.19	14.53	8.60	29	46.03
可采储量丰度 $/（10^8 m^3/km^2）$	67	0.350	67.73	10.44	6.03	32	47.76
埋藏深度 /m	68	445.000	6062.00	3026.00	4500.00	8	11.76
最大储层厚度 /m	16	27.450	686.25	214.00	95.00	9	56.00
有效厚度 /m	62	5.780	300.00	97.32	95.00	23	37.10
净毛比	54	0.101	1.00	0.53	> 0.63	20	36.00
储层产状	66	3.000	9.00	7.00	7.00	30	45.00
基质渗透率 /mD	68	0.030	800.00	50.03	幂平均20.00	23	33.82
有效渗透率 /mD	21	0.600	8000.00	472.21	幂平均52.00	6	28.57
裂缝发育程度	65	1.000	10.00	6.26	8.00	4	6.15

续表

参数	气田数量	最小值	最大值	平均值	龙王庙组气藏	排名	大于概率 /%
孔隙度 /%	68	1.10	35.00	10.78	5.00	56	82.35
含水饱和度 /%	66	8.00	65.00	26.10	20.00	34	51.52
边水底水	62	1.00	9.00	4.09	5.00	2	3.23
驱动类型	68	1.00	10.00	6.26	9.00	3	4.41
气体类型	68	3.00	10.00	7.48	10.00	1	1.47
烃类气含量	62	24.00	99.39	86.96	96.20	22	35.48
H_2S 含量 /%	68	0.00	63.00	4.22	0.47	24	35.29
CO_2 含量 /%	66	0.00	42.00	5.09	2.08	34	51.52
温度 /℃	67	15.56	179.44	103.56	140.00	12	17.91
地温梯度 / (℃/100m)	53	1.34	9.49	3.42	2.90	31	58.49
原始地层压力 /MPa	66	2.37	104.68	38.49	75.83	4	6.06
压力系数	66	0.34	2.00	1.19	1.70	4	6.06
平均单井控制面积 /km^2	60	0.20	25.00	4.21	17.00	4	6.67
最大单井 AOF / (10^4m^3/d)	9	14.15	2264.00	642.37	3360.00	1	11.00
平均单井日产 / (10^4m^3/d)	51	0.53	311.30	42.97	110.00	5	9.80

4.1.1 安岳气田龙 王庙组气藏开发指标评价

应用"气田开发指标预测系统"对安岳气田龙王庙组气藏开发指标进行了预测（表 4.2）。根据概率取值法，按 50% 概率 P50 法，可采储量采气速度 3.2%，稳产期 12.5a，递减率控制在 16%，最终采收率可达 70%；应用气田相似性预测法，类比国外同类型气田 Lacq 气田，则可采储量采气速度 3%，稳产期 21a，递减率控制在 11%，最终采收率可达 80%；应用线性公式预测法时，稳产期 15a，则可采储量采气速度 3.2%，递减率控制在 11%，最终采收率可达 76%；而应用经济效益最大法预测时（经济评价指标以 2014 年为基准），可采储量采气速度 3.5%，稳产期 15a，最终采收率可达 74%。

表 4.2 安岳气田龙王庙组气藏开发指标预测结果

气田	类型	经验公式法	概率取值法（P50）	气田类比法	效益最优
磨溪区块龙王庙气藏	碳酸盐岩	T=15a; V=3.2%; D=11%; ER=76%	T=12.5a; V=3.2%; D=16%; ER=70%	T=21a; V=3%; D=11%; ER=80%; 相似气田：Lacq 气田	maxNPV=175 亿元; V=3.5%; T=15a; D=13%; ER=74%

开发指标预测系统中，气田相似法评价方法能够快速筛选出最相似气田，不仅可以确定气田主要开发指标大小，还能以相似气田为典型解剖对象，深入分析类似气田做法，总结经验和教训，从而为新气田开发技术政策研究提供参考。为此，以安岳气田龙王庙组气藏为例，进一步说明气田相似性评价方法的应用效果。

4.1.2 安岳气田龙王庙组气藏的相似气田

安岳气田龙王庙组气藏为大鼻状隆起背景下发育的岩性—构造气藏，台内—斜坡浅滩沉积，大面积分布，岩性以中细晶云岩和砂屑白云岩为主，发育粒间溶孔（洞）、晶间溶孔和裂缝；储层孔隙度低，裂缝发育，试井解释渗透率数量级可达几百毫达西；气藏埋藏深，压力系数高，中含硫化氢；气井产量高（表 4.3）。

针对龙王庙组气藏的这些特点，通过对全球类似碳酸盐岩气田的广泛调研，发现 Lacq 和 Meillon 气田与龙王庙组气藏具有较好的相似性。

Lacq 和 Meillon 气田均位于法国阿坤坦盆地（Aquitaine），以台地相沉积为主，岩性为白云岩，孔隙类型均为溶蚀孔隙；基质孔隙度低，裂缝发育，有效渗透率远高于基质渗透率；埋藏深度均为 4000m 以深，储层高温高压，Lacq 为异常高压；含气饱和度高，硫化氢含量高；气井产量高，储量规模大。综合考虑三个气田主要参数后，认为 Lacq 和 Meillon 气田可以作为龙王庙组气藏相似气田代表。此外，Lacq 气田为弹性气驱气田，Meillon 气田为中等水驱气田，在龙王庙组气藏气水赋存形式多样、水体能量尚需更多动态资料核实的背景下开展这两个气田研究能够获取更有参考价值的经验与启示。

表 4.3 龙王庙组气藏与 Lacq 和 Meillon 气田主要参数对比

属性	磨溪区块龙王庙组气藏	Lacq 气田	Meillon 气田
盆地类型	克拉通—前陆	裂谷—前陆	裂谷—前陆
沉积相	局限台地	台地	台地，其次为潮下
气藏类型	岩性—构造气藏	岩性—构造气藏	构造气藏
闭合高度 /m	145	＞ 1400	850
储层岩性	中细晶云岩、砂屑云岩	白云岩	生屑云岩、角砾岩
孔隙类型	裂缝、孔洞	裂缝、孔洞	溶蚀孔洞
裂缝是否发育	裂缝发育	裂缝发育	裂缝发育
孔隙度 /%	2~8	1~6	3~5
基质渗透率 /mD	5~80	小岩心小于 0.5	小岩心小于 1
地层系数 /（mD·m）	180~19000	1000~20000	50~6000
试井渗透率 /mD	3~925	5~400	1~30
含气饱和度 /%	80	85	80
埋藏深度 /m	4400~4600	4100	4300
气藏温度 /℃	140	130	149

续表

属性	磨溪区块龙王庙组气藏	Lacq 气田	Meillon 气田
地层压力 /MPa	75.83	68	48
压力系数	1.64	1.66	1.11
H_2S 含量 / (g/m^3)	5~11.68	15.2	7
CO_2 含量 / (g/m^3)	21.5~48.8	9.7	9.8
地层厚度 /m	80~110	300	200
驱动类型	边水，能量不确定	气驱	中等边水驱
地质储量 /10^8m^3	4404	2600 （1993 年评估）	651~999 （1993 年评估）
气井产量 / ($10^4m^3/d$)	无阻流量 440~3360	60~80	70~80

　　Lacq 气田位于法国 Aquitaine 盆地的南部，包含两个相对独立的、发育在盐枕之上、四面下倾的穹窿背斜圈闭碳酸盐岩油气藏，即浅部的 Superieur 储层和深部的 Inferieur 储层。浅部的 Superieur 油藏发现于 1949 年，深部的 Inferieur 干气藏发现于 1951 年（图 4.1）。气田开发历经四个阶段（图 4.2）。第一阶段为试采评价阶段（1952—1957 年），主要通过 3 口试采井，检验井底及井口设备的抗硫防腐性能，同时评价获取气田动态参数；第二阶段为上产阶段（1958—1963 年），共有 26 口生产井，气田日产量由 $82 \times 10^4 m^3$ 上升至 $2156 \times 10^4 m^3$；第三阶段为稳产阶段（1964—1984 年），气田年产量约 $77 \times 10^8 m^3$，采气速度 3%，期间在构造高点补钻 10 口加密井，使得气田稳产期长达 21a；第四阶段为产量递减阶段（1985 年以后）。

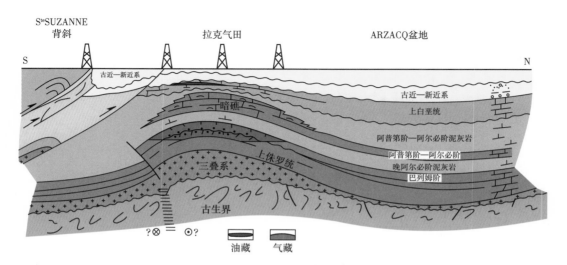

图 4.1　Lacq 气田气藏剖面图

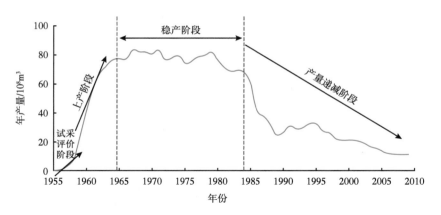

图 4.2　Lacq 气田开发历程

　　Meillon 气田临近 Lacq 气田，自西向东有 BAYSERE、PONT D`AS、SAINT、FAUST 和 MAZERES 五个区块（图 4.3）。气田开发采取区块接替的方式，共分为三个阶段（图 4.4）。第一阶段为上产阶段（1968—1971 年），所有气井均位于构造西端。第二阶段为稳产阶段（1972—1981 年），年产规模为 $25×10^8m^3$~$29×10^8m^3$，平均 $28×10^8m^3$，开发井位于中、西部区块；第三阶段为调整递减阶段（1981 年以后），通过东区调整井减缓产量递减，1994 年后进入自然递减。

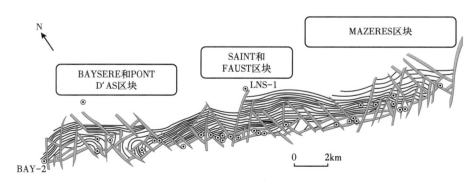

图 4.3　Meillon 气田储层顶界面构造及断层发育图

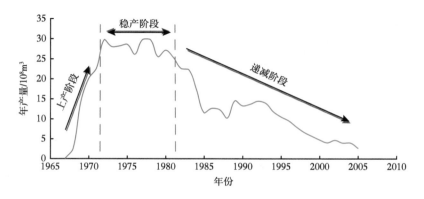

图 4.4　Meillon 气田开发历程

4.1.3 相似气田开发的经验与启示

Lacq 和 Meillon 气田与磨溪区块龙王庙组气藏相似，其开发经验值得借鉴。结合相关数据统计分析，从战略定位、前期评价、开发技术政策制定、动态分析和风险管理策略等方面总结形成了该类气田开发的六点经验与启示。

（1）大气田保护性开发，适当降低采气速度确保长期安全稳定生产。

Lacq 气田开发设计年产气 $80\times10^8m^3$，实际稳产期间年产气 $76\times10^8\sim83\times10^8m^3$，平均 $77\times10^8m^3$，可采储量采气速度 3%，并按此速度实现了长期稳产。采气速度的确定主要基于两方面考虑：①储层连通好、单井产量高、控制储量大，低采气速度时开发井需求少，这样既可以维持气井长时间稳产，地面建设规模还可以相应小一些。② Lacq 气田是法国 20 世纪 50 年代发现的第一个大气田，除此之外后备资源缺乏，考虑到天然气一旦用上就很难中断的特殊性，因此在气田开发规模确定时采取了降采气速度、延长稳产期的策略。

Lacq 气田稳产期间天然气供应量占国内消费量的 36% 左右（图 4.5），实践证明 Lacq 气田的开发推动了该国天然气市场的稳步发展。

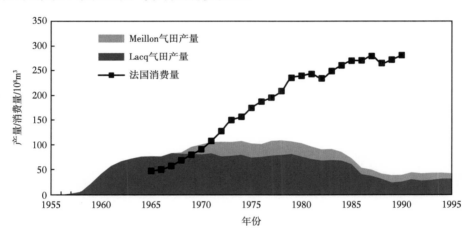

图 4.5　Meillon 气田和 Lacq 气田产量剖面及法国天然气消费历史

我国天然气开发仍然处于上升期，为了安全平稳供应，国内大气田应严格控制采气速度，保证长期稳定供应。借鉴国外经验，初步认为产量超过公司供应规模 5% 的大气田均需要保护开发，稳产期要在 15a 以上。

（2）试采周期长，气田特征认识清楚，为高效开发打下坚实基础。

由于资料匮乏等客观因素限制，复杂气田开发初期认识存在一定的不确定性，开展扎实的前期评价能够有效降低气田开发风险。1952—1957 年，Lacq 气田开展了长达 5a 的试采评价，在储量评价、动态规律认识和采气工艺等方面做了大量的评价工作，为气田后期开发提供了科学的依据，保障了气田高效开发。具体体现在以下几个方面：

①储量评价。一方面，为了取准储量计算参数，Lacq 气田从 1952—1957 年共钻了 6 口气层全取心资料井，取心收获率在 90% 以上；气层有效厚度的下限主要根据气层的孔隙度和含水饱和度曲线来确定，当孔隙度小于 1% 时，含水饱和度急剧增加，可达 50% 以上，因此有效厚度下限定为孔隙度为 1% 且含水饱和度大于 50%，如果气层参数只符合其

中之一即为非储层段。另一方面，考虑 Lacq 气田储层有效厚度从构造顶部向外围逐渐变薄、物性明显变差，因此采用压降法核实气田储量。开发实践证明，两种储量计算方法结果接近，用容积法计算地质储量为 $2325×10^8m^3$，用动态法计算地质储量为 $2640×10^8m^3$，误差 12%，储量计算结果比较准确，降低了开发风险。

②坚持一定周期的试采，加强动态规律的认识。Lacq 气田主要对 3 口井进行试采，获取气田动态参数。其中在 104 号井试采期间累计产气 $8000×10^4m^3$，为动态规律认识和开发技术政策制定提供了有力依据。

③针对硫化氢含量高带来的设备腐蚀问题，前期评价特别重视防腐研究，并不断改进防腐工艺。油管腐蚀随压力降低而增加，这与层间水进入油管有关，因此定期向地层注入防腐剂及在环形空间连续循环加含防腐剂的燃料油，从而保证了油管的抗硫防腐性能，实现气井安全、稳定生产。在防腐研究方面，还开展了防硫钢材、高压采气设备和防硫工艺研究。

（3）多种方法描述裂缝，综合评价裂缝对气田开发影响。

碳酸盐岩脆性大，容易产生裂缝，气田裂缝发育程度认识一直是碳酸盐岩气田研究的热点，需要多种方法相互佐证，否则会给开发带来非常被动的局面。

Meillon 气田气井发生水侵前没有密闭取岩心，对裂缝与水之间的沟通能力认识不清楚，在认识到该方面的不足后，应用多种方法加强了裂缝发育规律的研究，取得了一定成果：①岩心观测裂缝平均间距一般小于 3m，初步认为裂缝发育；②钻井液漏失和注入剂测试表明，提供产能贡献的裂缝发育间隔在 10m 以上，表明部分裂缝不能形成有效的生产能力，因而将裂缝划分为两类，一是分布频率高、产能贡献低的微裂缝，二是分布频率低、单产能贡献高的有效裂缝；③室内岩心实验渗透率与试井解释有效渗透率对比表明，两者相差上百倍；④历史拟合表明，拟合效果较好时 K_h 值介于 50~6000mD•m 之间，进一步证明了裂缝较发育的认识（图 4.6）。

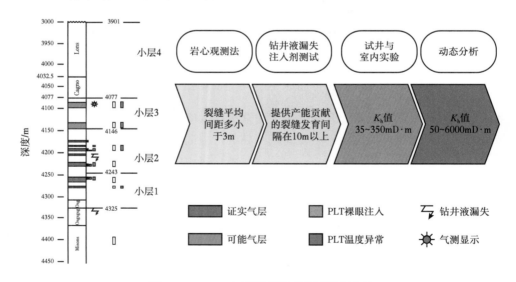

图 4.6　Meillon 气田裂缝发育程度认识方法

通过多方法对比、动静态结合，深化了裂缝发育规律认识，为 Meillon 气田开发调整提供了科学依据。例如，Meillon 气田 B1 井 1968 年投产，1978 年发生水侵，1988

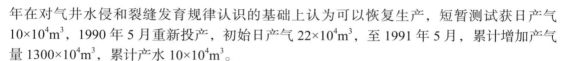

年在对气井水侵和裂缝发育规律认识的基础上认为可以恢复生产，短暂测试获日产气 $10 \times 10^4 \mathrm{m}^3$，1990 年 5 月重新投产，初始日产气 $22 \times 10^4 \mathrm{m}^3$，至 1991 年 5 月，累计增加产气量 $1300 \times 10^4 \mathrm{m}^3$，累计产水 $10 \times 10^4 \mathrm{m}^3$。

（4）依据气田特征，确定合理单井配产。

Lacq 气田 Kh 值在 $1000 \sim 20000 \mathrm{mD} \cdot \mathrm{m}$ 之间，发现气井初产量为 $980 \times 10^4 \mathrm{m}^3/\mathrm{d}$，具有高产的潜能，但稳产期气井配产在 $60 \times 10^4 \sim 80 \times 10^4 \mathrm{m}^3$ 之间。气井配产低的出发点需从 Lacq3 井说起。1951 年 12 月，该井于井深 3530m 发现下白垩统含硫化氢的气流，由于富含硫化氢的气体对钢材腐蚀严重，使该井在深度 3555m 处发生钻杆断裂并引发井喷，经过 53 天的努力才控制住井喷。鉴于此，法国对含硫气田的开发采取了比较谨慎的态度，要求气井配产和降成本必须建立在安全生产之上。

为了保证安全，Lacq 气田开发初期采用双层油管采气。第一批井采用 7in 套管、2in 和 4in 双层油管，4in 和 7in 环形空间充满相对密度为 1.8 的钙质钻井液，2in 和 4in 环形空间是柴油，其优点是内层的 2in 油管损坏时容易更换，缺点是加重的钙质钻井液容易沉淀，过一段时间后需要拔出 4in 的油管，而这种油管价格较贵。双层油管限制了气井产能，单井日产气约 $30 \times 10^4 \mathrm{m}^3$。为此，改用 2in 和 5in 双层油管，5in 和 7in 管间改用膨胀土钻井液，这种钻井液不易沉淀。由于加大了油管尺寸，气井采气量提高到 $60 \times 10^4 \mathrm{m}^3/\mathrm{d}$。

后来，部署在气田构造顶部的调整井采用 9in 套管、7in 和 5in 复合油管，由于加大了油管，气井产量得到了进一步提高。

（5）生产井集中部署在构造高部位，射孔层位尽量远离气水界面，部署观察井监测水体动态。

基于少井高产、经济合理开发气田的原则，Meillon 和 Lacq 气田均采用了非均匀井网。Lacq 气田构造顶部井距 250m，翼部 1500m，Meillon 气田构造顶部井距 250m，侧翼 1400m（图 4.7 和图 4.8）。

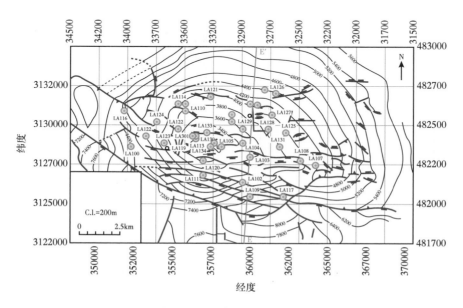

图 4.7　Lacq 气田生产井分布

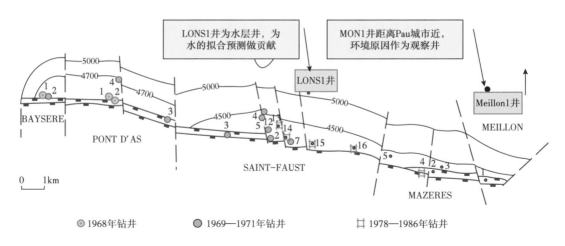

图 4.8　Meillon 气田生产井和观测井分布

Lacq 气田顶部裂缝发育，气田连通性好，在构造顶部集中布井能够获得稀井高产的开发效果。Meillon 气田裂缝发育但边水活跃，因此在产层厚度大、渗透性和连通性好的构造顶部集中布井，同时射孔层位尽量远离气水界面，不仅能够获得较高的气井产量，而且能够有效延缓水侵速度。实践表明，气井射孔层位离气水界面越远，则见水越晚（图 4.9）。

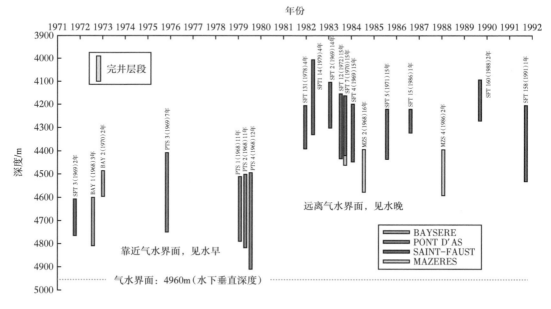

图 4.9　Meillon 气田气井射孔层位及见水时间

但即便这样，对水侵的监测仍然有不足的地方。Meillon 气田生产井部署在西南侧，而观测井部署在东北侧（图 4.9），对气水界面变化情况不清楚，导致对水体活动规律认识不充分。1978 年，距离气水界面 700m 的气井出水，见水后不得不在东侧和北侧钻调整井。

实践表明，裂缝性边底水气田水侵风险大。针对水侵风险，一般通过科学部署监测井开展针对性的监测任务，为治水、防水提供数据，国内外典型气田常部署 10%~15% 的监测井（表 4.4）。

表 4.4　国内外碳酸盐岩气田观察井部署情况

国家	气田	储量规模 / $10^8 m^3$	水体 类型	开发井数 / 口	观察井 / 口	备注
俄罗斯	温加布尔	3950	底水	119	21	利用饱和度测井监测底水上升情况
	奥伦堡	20000	底水	317	12	在生产过程中开展全区水文地质监测
中国	川东龙门石炭系气田	184.0	边水	6	1	在生产过程中，监测水井井底压力， 与气田压力进行对比分析
	相国寺石炭系气田	45.56	边水	6	1	

（6）高度重视储量风险评估，通过弹性指标策略降低开发风险。

缝洞型碳酸盐岩气田储集空间复杂，岩性、物性和流体分布在纵横向上变化很大，非均质性强，储量评价结果存在不确定性。例如，Malossa 气田 1973 年评价认为地质储量为 $500 \times 10^8 m^3$，2000 年地质储量复算时仅剩 $65.15 \times 10^8 m^3$。美国天然气协会认为，估算当年发现气田高级别的储量是不可能的，对于复杂多裂缝系统的储量，更不是一两次储量计算就能搞清楚的，气田储量必须在充分钻探以及有一定天然气生产史的情况下才能准确估算出来，而这一评价周期一般需要持续约 6a。

针对储量风险，国外大石油公司常采用弹性指标加以应对，制定不同概率储量时的开发指标和布井策略。例如，开发井位部署时先钻可信程度高的 P10 和 P50 井，高风险的 P90 井暂时不钻；首批生产井投产两年后，根据新的储层描述和生产动态特征认识，以及储量复查和修订结果再决定 P90 井是否建设，以此提高开发方案的灵活性，从而有效降低开发风险。

4.2　已开发气田开发效果评价——以中国大气田为例

老气田主要应用于 KL2 等已开发气田的开发指标效果评价中，为老气田开发效果评价和开发调整提供参考。

4.2.1　国内气田开发指标多方法评价

目前中国石油主力开发气田有 KL2、DN2 和 SLG 气田，应用多种方法对中国石油主力气田进行了开发指标测算（表 4.5）。例如 DN2 气田，根据概率取值法，按 50% 概率 P50 法，气田可采储量采气速度 2.9%，稳产期 11a，递减率控制在 6%，最终采收率可达 78%；按照气田相似性预测法，类比国外同类型气田 Aguaraee 气田时可采储量采气速度为 4%，稳产期 16a，递减率控制在 20% 以内，最终采收率可达 75%；按照线性拟合预测法时，首先设定稳产期 16a，则可采储量采气速度为 3.8%，递减率控制在 14% 以内，最终采收率可达 69%；而按照经济效益最大法预测时，采气速度最好控制在 4% 左右，稳产期

12a，最终采收率可达 73.5%。综合各种方法优缺点，可采用线性拟合预测法结果，即可采储量采气速度为 3.8%，稳产期 16a，递减率 14%，最终采收率 69% 作为推荐指标。

表 4.5　部分主力气田开发指标多方法测算结果

气田	类型	概率取值法（P50）	气田类比法	经验公式法	效益最优	综合取值
KL2	中高渗透砂岩	T=12a；V=3.5%；D=13%；ER=74%	T=14a；V=4.5%；D=12%；ER=83%；相似气田：Indefatigable 气田	T=15a；V=4%；D=15%；ER=78%	maxNPV=85 亿元；V=4.3%；T=12a；ER=70%	T=15a；V=4%；D=15%；ER=78%
DN2	中低渗透碎屑岩（构造圈闭）	T=11a；V=2.9%；D=6%；ER=78%	T=16a；V=4%；D=20%；ER=75%；相似气田：Aguaraee 气田	T=16a；V=3.8%；D=14%；ER=69%	maxNPV=45 亿元；V=4.0%；T=12a；ER=73.5%	T=16a；V=3.8%；D=14%；ER=69%
SLG	低渗透致密碎屑岩（岩性圈闭）	T=15a；V=3.5%；D=10%；ER=52%	T=32a；V=1.6%；D=13%；ER=53%；相似气田：Meidicine 气田	T=20a；V=3.4%；D=16%；ER=59%		概率法：T=15a；V=3.5%；D=10%；ER=52%

为了进一步分析我国天然气开发情况，基于"气田开发指标预测系统"对国内气田开发指标进行了预测。分析可见，国内一些中高渗透水驱、低渗透透镜状、低渗透层状水驱和低渗透碳酸盐岩水驱气田的开发效果存在差异（表 4.6）。

表 4.6　国内气田开发指标预测结果

气田	气田开发指标预测专家系统					采收率现状 /%	备注
	稳产期 /a	可采储量采气速度 /%	稳产期末可采储量采出程度 /%	递减率 /%	采收率 /%		
SLG	20	3.4	68	16	49	动态 22	目前井网对储量控制程度
KL2	15	4.0	64	15	78	动态 68	气井配产高，见水早
SB1	7	6.3	44	29	59	54	地质认识风险，层间非均质性以及驱动类型等
SB2	7	6.4	45	30	60	52	
TN	15	4.0	56	38	62	56	
WY	1	3.0	30	49	57	动态 37	裂缝发育程度认识存在风险，配产高，底水水淹

续表

气田	气田开发指标预测专家系统					采收率现状 /%	备注
	稳产期 /a	可采储量采气速度 /%	稳产期末可采储量采出程度 /%	递减率 /%	采收率 /%		
DN2	16	3.8	60	14	69	65	
DB	11	3.3	36	7	66	61	
HTB	8	5.0	42	13	75	85	
TZ1	15	2.9	44	15	60	61	国内外开发指标相近
FCZ	16	4.4	70	47	74	动态 84	
WLH	10	5.6	56	18	74	动态 81	
DCGJ	15	4.7	70	48	73	动态 72	

4.2.2　国内气田开发指标差异原因分析

我国气田类型复杂，气田开发认识是一个逐步完善不断趋于真实的过程，尤其是在气田开发早期由于客观规律认识的不确定性，开发指标取值是不确定的。通过跟踪规划执行情况发现，一些气田开发方案执行下来的效果并不理想，实际产量趋势与方案设计有出入。通过跟踪典型气田方案编制过程，分析方案执行效果变化的原因，梳理影响开发效果的原因和存在的问题，从而认识到主要原因集中在储量认识、地质特征认识和人为决策因素三大方面。

4.2.2.1　储量认识

受多种因素影响，真实储量认识过程存在许多困难，特别是连通性差、非均质性强的气藏，储量不确定性较大，表现在复算储量比上报储量少，动态储量比静态储量少，实际动用储量比上报储量少，最终造成上报探明储量、核算储量、井网覆盖储量、井控储量和可采储量之间的匹配关系不合理。

例如，广安气田上报地质储量 $1355.47 \times 10^8 m^3$（须四 $566.91 \times 10^8 m^3$，须六 $788.56 \times 10^8 m^3$），方案设计动用 A 区块须六气藏，动用面积 $72.82 km^2$，动用储量 $303.56 \times 10^8 m^3$，开发动态表明采收率仅 10%，开发效果极差的原因主要有：（1）储量可靠性差，经储量复算，该气藏储量 $151.3 \times 10^8 m^3$，储量可靠性仅 50%；（2）动用程度低，A 区周边储量品质差，经济性差，无法动用，井网范围内实际动用面积 $29.19 km^2$，按上报储量口径，设计动用储量约 $200 \times 10^8 m^3$，占 A 区块 $303 \times 10^8 m^3$ 储量的 67%；按复算储量口径，设计动用储量 $102.3 \times 10^8 m^3$，占 A 区块 $151.3 \times 10^8 m^3$ 储量的 67%，即储量动用率 67%；（3）井控储量低，按复算储量口径，设计井网内储量 $102.3 \times 10^8 m^3$，动用储量 $61.81 \times 10^8 m^3$，动静比 60%；（4）动用储量可采系数低，根据经济极限法，预计最终可采储量 $32.1 \times 10^8 m^3$，动态储量采收率 50%。综上，气田采收率 = 储量可靠性 × 动用程度 × 井控储量 × 动用储量可采系数 =0.5×0.67×0.6×0.5=0.1（图 4.10）。

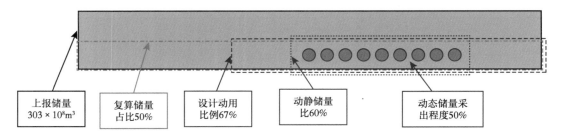

图 4.10　不同储量之间关系示意图

（1）探明储量与复算储量有偏差，特别是岩性气藏储量可靠性差。

地层含气却不一定具备工业气流，地质储量只计算具备工业开发潜力的储量，造成探明地质储量与复算储量有偏差。根据我国致密碎屑岩的储集能力研究，一般认为当基质克氏气体渗透率小于 0.01mD，孔隙度小于 3%，中值孔喉小于 0.03μm 时，通过孔喉渗流已经难以产出工业气流。特殊地质构造条件下，地下有效张开裂缝极发育才能形成裂缝型砂岩储层（表 4.7）。

对于不同的岩性，物性下限标准的取值范围为：碳酸盐岩孔隙度为 1%~3%，渗透率 0.01mD，含水饱和度 50%~60%；碎屑岩孔隙度 4%~8%，渗透率 0.001~0.01mD，含水饱和度 50%。此外，有效厚度的起算厚度为 0.2~0.4m，夹层起扣厚度为 0.2m，常常以此作为有效储层厚度的界限。

储量计算后，气藏开发的地质风险有多大，需要进行开发储量的风险评价，给出科学的定性和定量描述，一般考虑以下因素：（1）地质条件可能引起的含气面积方面的变化，包括构造形态和断层分布、岩性边界、储层和不同流体界面（油气界面、气水界面）、气藏类型的确定等。（2）解释因素引起的储层有关参数的变化，包括测井解释和下限研究可能引起的含气有效厚度的变化，采样、岩心分析化验、压力、温度相关测试资料等因素可能引起的单储系数的变化。（3）开发方式、开采技术、气价、成本、市场、外部环境及政治因素可能引起的开发强度和采收率的变化。

表 4.7　气田上报探明储量与复算储量对比

气田	圈闭	复算/上报	探明储量
榆林南	地层	87%	上报 724.7 4×10⁸m³，复算 631×10⁸m³，动态 470×10⁸~600×10⁸m³
靖边本部	地层	76%	上报 2871×10⁸m³，复算 2173×10⁸m³
盆 5	构造	79%	上报 119×10⁸m³，核减 27×10⁸m³，动用 95×10⁸m³
沙坪场	构造	80%	上报 398×10⁸m³，动态 290×10⁸m³

（2）动态储量与静态储量偏差大，动静比低，储量动用程度低。

目前常常根据已有认识，对计算储量的各项参数做出最可能的判断，以此量化评价储量。但是由于近年新发现储量越来越复杂，准确评价储量难度越来越大，造成动静态储量评价结果差异大（图 4.11 和表 4.8），给国内外气田开发指标对比带来困难。

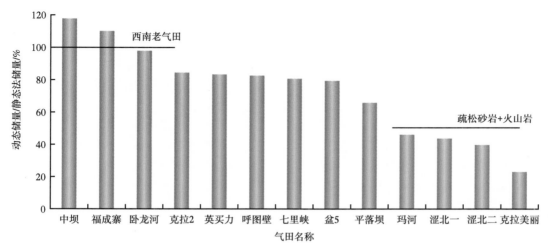

注：中坝、福成寨、卧龙河、七里峡、平落坝采用动态法预测；克拉2、
英买力、呼图壁、盆5、玛河、涩北一、涩北二、克拉美丽引用油田动态汇报数据

图 4.11　气田动态储量与储量公报储量的比值

表 4.8　气田开发设计指标与实际指标对比

气田	探明储量 / 10^8m^3	设计动用储量 / 10^8m^3	井控动态储量 / 10^8m^3	设计产能 / 10^8m^3	历年产量 /10^8m^3			
					2007	2008	2009	2010
XS	2217.59	675.67	214.26	16.21	2.35	4.5	6.34	9.37
KLML	1053.34	547.52	88.61	10		0.6	4.56	5.77
G-A	1355	612.6	46.2	10	4.05	7.68	5.05	2.83

4.2.2.2 地质特征认识

气田开发方案中开发指标确定大致通过以下流程。首先根据地震、测井、岩心描述、室内实验等资料对开发地质特征进行分析，确定地层、构造、沉积相、气藏和储量特征；然后基于试气、试井数据，结合气藏工程和数值模拟手段进行单井产能评价、气井合理配产研究；最后对气田开发技术政策，包含开发指标等进行确定。这其中，第一手资料包括：地震剖面、岩心测试数据、测井曲线和试气、试采等数据；分析方法集成的软件包括：地质建模软件 Petrel、Direct，试井及产能评价软件 Saphir、Fast，生产动态模拟预测软件 Eclipse 等；需要认识的关键指标或问题有：气田储量、储量富集区及规模、气井产能及合理产量。

气田认识偏差可能来自两个方面，一是资料收集不完整，二是分析解释待加强。对复杂气藏关键地质特征认识不准确，主要不确定因素为储量规模、水体活跃程度、连通性和有效渗流能力。同时由于时常缺乏动态监测，气田开发面临较大风险。具体问题表现在以下三方面：

（1）构造特征认识不到位，开发部署不合理。

储层构造认识是天然气开发最基础的工作，构造认识清楚才能准确评估储量，科学

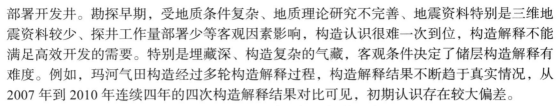

部署开发井。勘探早期，受地质条件复杂、地质理论研究不完善、地震资料特别是三维地震资料较少、探井工作量部署少等客观因素影响，构造认识很难一次到位，构造解释不能满足高效开发的需要。特别是埋藏深、构造复杂的气藏，客观条件决定了储层构造解释有难度。例如，玛河气田构造经过多轮构造解释过程，构造解释结果不断趋于真实情况，从2007年到2010年连续四年的四次构造解释结果对比可见，初期认识存在较大偏差。

（2）水体能量认识不足，开发措施不到位，气田提前见水。

水侵与以下因素有关：水体活跃程度、裂缝发育程度、纵横向渗透率差异、采气速度以及射孔层段等。通常，水侵容易发生在具有双孔隙系统或者活跃水驱的气藏中，过高的单井产量和射孔层位太接近气水界面是引起早期水侵的两个重要因素。特别是对于碳酸盐岩裂缝型边水气藏和碎屑岩底水气藏，裂缝发育认识不到位，水体能力评估不准确，气藏过早见水甚至水淹。

水侵影响产量表现在两方面：第一，水侵会阻碍天然气的运移路径，当气、水两相在多孔介质中流动时，水是润湿相，气是非润湿相，水呈连续流动，气则是断续流动；第二，水的前缘不规则移动会引起含气地区的闭塞，形成水封气的不利局面，严重时发生水淹，极大降低气藏采收率。

矿场经验表明，水侵是引起气井产量递减偏快、气藏采收率偏低的主要原因。四川盆地威远气田为低渗裂缝型底水驱动气藏，过高的采气速度造成底水过快水淹，采收率估计仅有35%。塔里木的克拉、青海的涩北、西南的广安须家河等气田均由于边底水活跃程度超过预期，气井配产高，引发气井过早水淹，影响了气田开发效果。

水侵的影响程度还受人为因素控制，由于人为因素，常常打破气田正常的生产，导致气田开发效果变差。邛西气田2002年发现并投入试采，3年内完成了气田评价、储量计算与产能建设，2005年产气规模达到120×10^{4}m^3/d。为缓解因川东北高含硫气田推迟开发导致的供气压力，邛西气田投产后产量不断提高，2006年3月达到了170×10^{4}m^3/d，从而诱发地层水沿裂缝过早侵入，气田产量快速下降，2007年产水量已升至600m^3/d，生产规模已降至60×10^{4}m^3/d以下，2010年产水820 m^3/d，生产规模只有20×10^{4}m^3/d，总体开发效果差。但是另一方面，根据动态变化，采取适宜措施能够提高气田开发效果。川西北中坝气田1973年投入试采，1978年编制开发方案，设计日产气170×10^{4}m^3，后由于多口气井见水，产气量下降快，1981年主动将产量调整至60×10^{4}m^3/d生产，水侵速度明显下降，产量稳定，从1985年起连续19年保持年产5×10^{8}m^{3}的规模，气田开发取得了较好的效果。

（3）储层非均质性强，储量动用不均衡，动态储量和静态储量差异较大。

储层非均质性包括层间非均质性、层内非均质性和平面非均质性，非均质性强、开发不均衡是开发效果差的重要原因。

靖边气田天然气探明地质储量4699.96×10^{8}m^3，截至2011年底已全部动用。气田发育下古生界马五1+2、马五4、上古生界盒8和山1四套含气层系，合层开采，下古生产层地质储量占总储量的54%，但产气贡献率仅为25%。由于纵向非均质性强，储层精细描述效果差，剩余储量分布特征及影响因素研究和改善次产层开发效果的技术措施不到位，层间动用不均衡，造成开发效果差。

广安须六气藏平面非均质性强，导致单井控制动态储量差异大，最大5.4×10^{8}m^3，最小不足0.1×10^{8}m^3，平均值0.73×10^{8}m^3。天然气开发初期气井常常部署在优质储层部位，气井产能高，由于非均质性影响，储层不同部位储量品质有差异，气田随后开发的储量品质一般都会有所降低，但是开发早期规划产量时常常忽略这一点，气井产量规划偏乐观。广安、合川等气田平面非均质性强，阻碍了气田的高效开发。

4.2.2.3 人为决策因素

井网不完善，技术水平不匹配，投资管理模式存在缺陷和开发节奏过快等人为决策因素也是影响开发效果的重要原因。

（1）井网密度与开发效果之间关系明显，完善的井网是科学开发的基础。

对川东石炭系部分气藏开发效果分析可见，开发较好的气田，井网密度较大，单井控制含气面积为 2.38~3.18km²/口，平均 2.78km²/口，平均井间距 1.6km。这种相对较大的分布格局能较为均衡地控制气藏含气范围，也不会因为单井配产过高而引发较大生产压差，避免了地层边水快速推进。开发较差的气田，气井数较少，井间距明显较大，密度偏稀，难以有效控制储量，为满足上产目标不得不加大各井配产气量，从而导致明显压降漏斗和气井过早见水，影响开发效果。

（2）气井初始产量高，但单井累计采出量低，以初期产能建设投资作为投资标准进行开发决策不合理。

一般而言，同一气藏采用同一完井方式条件下，初始采气速度可以作为反映单井长期产量或估算最终采收率（EUR）的重要指标。该方法快捷简单，可以实现简单对比，因此单井初始产量常常作为投资标准的最重要依据，气田生产能力常常以单井初期产量为标准。

在许多案例中，高初始产量与高经济回报率需要二选一，高初始产量意味着高的经济回报率这一假设可能是个严重的错误。如果缺少对上述情况的认识可能导致较差的投资决定，严重影响开发经济效益。特别是会影响低渗裂缝型气藏有效渗透率评价，对气井配产和稳产能力的影响评估产生偏差。裂缝型气藏试采产量高，初期产量主要来源于裂缝，进入基质向裂缝流动阶段后，气井产量下降明显，如何评价裂缝型气藏不同配产的稳产能力一直是个难题。此外，低渗透气藏含水饱和度高，配产高时，压差大，造成孔隙水流动，可动水饱和度增加，降低了气相流动能力，影响了气井产能和气田生产能力。

而对于不同的气藏，开发受多种因素共同控制，不能够只采用单井初始产量作为评价气田好坏的唯一指标。有些情况下 IP（初始产量）和 EUR 的关系变得不确定，用 IP 作为单井 EUR 评价方法也会出现差错，如果仅靠 IP 来做关键经济决定很容易造成误导。

评价气田开发指标必须综合考虑单井初产、稳产能力、经济极限条件下累计产量等全生命周期指标，这样可以达到更好的效果。经济评价结果对气藏初始产量 IP 和产量剖面的敏感度极高，有时甚至超过对储量的敏感程度。

4.2.3 国内大气田开发对策及建议

国内大气田开发应关注并加强三方面分析论证：一是开发效益最大化，二是开发风险最小化，三是大气田开发要有长期可持续性。具体建议如下：

（1）坚持滚动勘探开发，制定弹性指标防范潜在风险。

需要综合考虑气田生产波动对最终开发效果的影响，裂缝性气田裂缝与水的匹配关系评价以及开发技术政策敏感分析，多断块的认识和整体开发，非均质气田的滚动开发。特

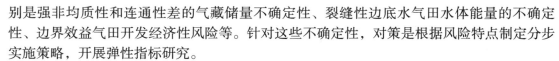

别是强非均质性和连通性差的气藏储量不确定性、裂缝性边底水气田水体能量的不确定性、边界效益气田开发经济性风险等。针对这些不确定性，对策是根据风险特点制定分步实施策略，开展弹性指标研究。

（2）结合储量风险性和经济性，优化投资项目组合。

在国内，当某一勘探发现区块达到探明储量申报条件时，就会将这一区块的所有储量定格在探明储量级别，而国外会根据地质参数不确定程度将一个区块分割成不同风险等级的储量，开发部署以次为基础，因而风险更可控。

加强储量经济性分析，根据储量经济性对开发项目进行排队，形成合理的开发建设项目梯队。在探明储量地质特征评价的基础上，根据开发的经济性，对储量经济性进行分类分级评价，为天然气开发分步实施研究提供支撑。在储量地质不确定性评价和经济分类评价结束后，分层次分批次投入开发，有利于降低开发风险，提高开发经济效益。

加强储量风险评价，注重容积法和动态法等多种方法结合，不断强化动态储量地位。储量投入规模开发后，特别是采出程度大于 10% 以后，需要加强动态储量评价，结合静态储量和动态储量评估真实储量大小，并据此作为编制开发调整方案的主要依据。

（3）加强复杂气藏单井累计采出量的评价，做好气田全生命周期管理。

对复杂气藏投资管理，应淡化亿方产能投资指标的概念，实施全项目周期管理。井间接替稳产气田，年新建产能仅有很短或没有稳产期，需要逐年新建补充产能保持气田稳产，亿方产能投资只反映当年产能投资水平，不能反映项目整体投资水平，如苏里格、塔中、须家河气田等，应该转为气田全生命周期的管理，加强累计采出量的评价。参照国外非常规气田开发的做法，采用单井累计产量、初期产量和单井投资作为气田投资、开发指标研究的基础。

第5章 页岩气田开发关键参数规律研究

常规气田潜力分析方法主要基于探明储量大小，预测主要有生命模型拟合法、储采比控制法、产量构成法和组合预测模型法。页岩气田开发模式不同于常规气田，主要通过大量钻井实现气田长期稳定开发，为此建立了基于可布井数的页岩气开发潜力分析方法。新方法通过单井产量剖面和年投产井数，逐年叠加得到总产量。本章将对页岩气田关键指标预测规律进行介绍。

5.1 页岩气田开发潜力评价新方法

页岩气储层不同于常规油气储层，传统开采技术无法获得自然工业产量，需要利用水平井和大规模压裂技术形成裂缝系统，改造成"人工气藏"才能实现商业开发。页岩气藏单井产量递减快，所以气田的稳产只能通过井间和区块接替方式实现，规模开发需要大量钻井。页岩气开发潜力预测最小单元是气井，于是基于气井产量叠加的方法就成为页岩气开发潜力分析的首选方法，页岩气潜力分析关键在于确定可布井数和气井产量剖面（图 5.1）。

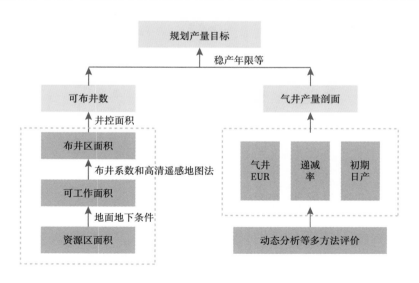

图 5.1　基于单井产量叠加的页岩气开发潜力分析示意图

需要指出的是，页岩气属人工油气藏，工程、工艺对开发效果影响大，国内页岩气示范区工程强度整体呈现逐年增大的趋势，不同区块对标和产量预测时必须突出"标准

83

井"的概念，即页岩气潜力分析预测中所说的单井，并不是指某一口具体的井，而是"标准井"。所谓"标准井"是基于综合地质条件、工程工艺、投资成本等参数建立起来的虚拟井，其参数包括如埋藏深度 3500m、Ⅰ类储层厚度 10m、水平段长度 1500m、压力段数 25 段、综合投资 6000 万元等。只有通过"标准井"才能建立统一的气井评价标准，使得不同开发区块、不同投资主体之间的开发指标对比分析结果更加客观，不仅可以大大简化开发潜力分析的工作量，而且分析结果更加落实可信（图 5.2 和图 5.3）。

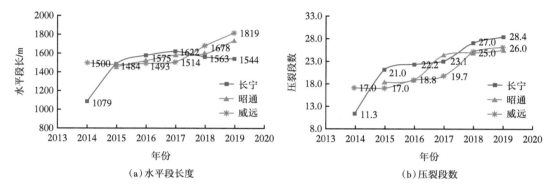

图 5.2　示范区历年投产井工程强度历史

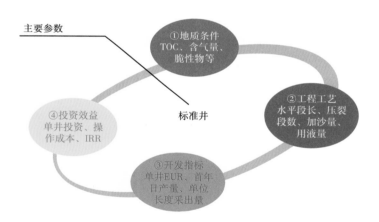

图 5.3　标准井确定主要参数

5.2　页岩气田可布井数评价方法

经过近年对国内页岩气发展潜力分析评价实践，建立了两种可布井数的测算方法，可视具体掌握的资料情况和技术手段选用。

5.2.1　基于布井系数的页岩气田可布井数评价方法

以北美 Haynesville、Marcellus、Barnett 和 Fayeteville 四个成熟的页岩气开发区块为解剖对象，结果表明页岩气具有较强的平面非均质性。布井系数的定义指资源有利区布井面积占总面积的比例，北美地区气井的布井系数一般为 44.7%~63.2%，井位主要部署在页岩厚度大、TOC 含量高、孔隙度高、储量丰度高的区域。

（1）Haynesville 页岩可划分为 3 类区域（图 5.4），核心区为单井高峰 30 日平均产量超过 $20×10^4m^3$，EUR 大于 $1.13×10^8m^3$ 的区域。1 区和 2 区对应的初始产量和 EUR 有所下降，其中 1 区初始产量和 EUR 分别为 $14~20×10^4m^3/d$ 和 $0.56~1.13×10^8m^3$，2 区初始产量低于 $14×10^4m^3/d$，EUR 低于 $0.56×10^8m^3$。核心区、1 区和 2 区对应的面积分别为 $5060km^2$、$10650km^2$ 和 $10750km^2$，面积占比分别为 19.1%、40.2% 和 40.6%。取初始产量大于 $14×10^4m^3/d$、单井 EUR 大于 $0.56×10^8m^3$ 的区域为优先布井区域（核心区 +1 区），计算得到 Haynesville 页岩的布井系数为 63.2%（表 5.1）。

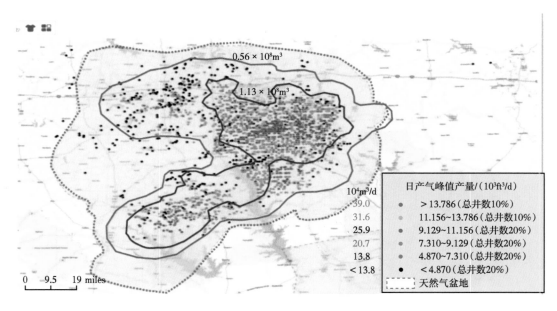

图 5.4　Haynesville 页岩高峰 30 天平均产量平面分布图

表 5.1　Haynesville 页岩不同分区面积统计表

分区	初始平均产量 / $10^4m^3/d$	EUR/10^8m^3	面积 / km^2	面积占比 / %
核心区	> 20	> 1.13	5060	19.1
1 区	14~20	0.56~1.13	11650	44.1
2 区	< 14	< 0.56	9750	36.8
合计			26460	100

（2）Marcellus 页岩可分为 4 类区域（图 5.5）。1 区和 2 区相对于 3 区和 4 区具有较大的富有机质页岩厚度，较高的 TOC 含量和较高的储量丰度。Marcellus 页岩主体厚度在 30~240m 之间，盆地东北部页岩厚度最大。富有机质页岩分布趋势与页岩分布趋势一致，

厚度主要分布在 30~100m 之间，在盆地东北部厚度较大，普遍超过 60m（图 5.5），1 区和 2 区主要分布于富有机质页岩厚度较大区域，对应 TOC 含量亦较高，成熟度普遍在 2% 左右，地质储量丰度高（图 5.5）。截至 2017 年 4 月，计划 18955 口开发井主要部署在 1 区和 2 区（对应较高的单井初始产量和 EUR）。不同区域的面积分别是：1 区 17800km²，2 区 41840km²，3 区 58640km²，4 区 15070km²（表 5.2），计算得到 Marcellus 页岩布井系数为 44.7%（1 区 +2 区为主要布井区域）。

分区
1区
2区
3区
4区

图 5.5　Marcellus 气田地质分区图

表 5.2　Marcellus 页岩不同分区面积统计表

分区	面积 /km²	面积占比 /%
1 区	17800	13.3
2 区	41840	31.4
3 区	58640	44.0
4 区	15070	11.3
合计	133350	100

（3）Barnett 页岩可划分为核心区、1 区和 2 区三大类，对应面积分别为 4009km²、5839km² 和 10676km²。核心区和 1 区为开发有利区，计算得到 Barnett 页岩的布井系数是 48%（图 5.6 和表 5.3）。

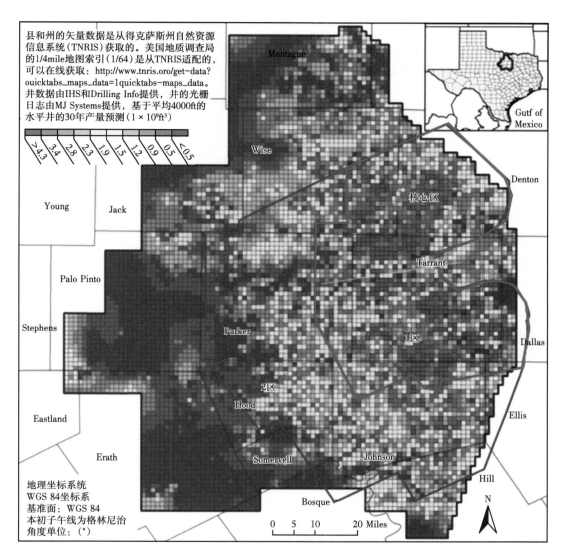

图 5.6　Barnett 气田 EUR 平面分布及分区图

表 5.3　Barnett 页岩不同分区面积统计表

分区	初始平均产量 / （$10^4 m^3$/d）	EUR/ $10^8 m^3$	面积 / km^2	面积占比 / %
核心区	7.08	0.71	4009	19.5
1 区	5.66	0.42	5838	28.5
2 区	2.83	0.23	10676	52.0
合计			20523	100

（4）Fayeteville 页岩可划分为 3 类区域，红色字体标注区域为核心区，平均 EUR 为 6832×10⁴m³，蓝色字体标注区域为 1 区，平均单井 EUR 为 3352×10⁴m³，黄色字体区域单井 EUR 为 819×10⁴m³。核心区和 1 区为面积为 5786km²，为优先开发部署区域。计算得到 Fayetteville 页岩的布井系数是 42.7%（图 5.7 和表 5.4）。

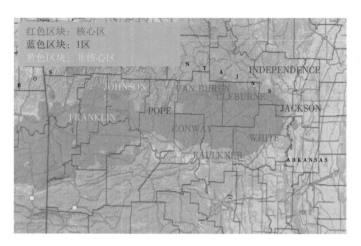

图 5.7　Fayetteville 气田开发区域划分

表 5.4　Fayetteville 页岩不同分区面积统计表

分区	面积 /km²	面积占比 /%
核心区	5786	42.7
1 区		
2 区	7770	57.3
合计	13556	100

5.2.2 基于高清遥感地图的页岩气田可布井数评价方法

针对页岩气开发规模预测关键指标之一可布井数，前期研究已经建立了基于布井系数的方法，布井系数方法较为宏观，精度较低。为此，针对页岩气可布井数，在布井系数方法的基础上，形成了基于高清遥感地图的布井方法，并根据地面地形条件建立了两种布井模式。

（1）盆外 / 盆缘山地地貌区布井模式。流程如下：①基于埋藏深度、储层厚度、压力系数和断层分布等地下因素确定页岩气开发有利区。②再结合城市规划区、军事禁区、煤矿采空区、政府划定禁采区和风景名胜区等地面因素确定页岩气开发可工作区。③在有利区筛选的基础上，结合地面高精度遥感技术对地面平台进行了初步筛选。由于山地地貌地形复杂，平台位置确定需要重点寻找地面条件适宜的可钻井位，即地势相对平坦、有道路沟通区域，因而地面平台分布不规则。④确定标准平台模式，如单平台布 2 口、4 口、6 口、8 口井，水平井单支或双支模式，然后结合地面可选平台位置确定平台选择，并统计可布井数（图 5.8）。

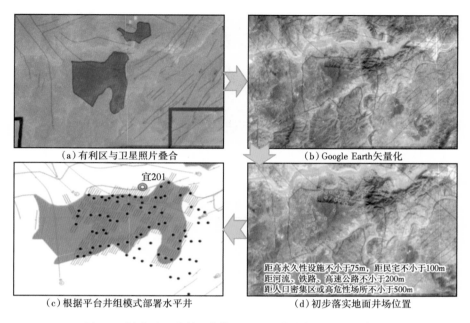

(a) 有利区与卫星照片叠合　　(b) Google Earth 矢量化

(c) 根据平台井组模式部署水平井　　(d) 初步落实地面井场位置

图 5.8　川南地区盆外 / 盆缘山地地形井位部署流程示意图

（2）盆内平原丘陵地貌区布井模式。流程如下：第①步和第②步与模式（1）相同。③在有利区筛选的基础上，结合地面高精度遥感技术对地面平台进行初步筛选。由于平原丘陵地区人口稠密，平台位置确定需要重点考虑地面是否与人类活动相冲突，尽量远离城市、村庄等活动区域。但总体上，该类地貌地形相对平坦，因而平台分布相对比较规则。④结合可布平台位置和井模式，确定可布井数（图 5.9）。

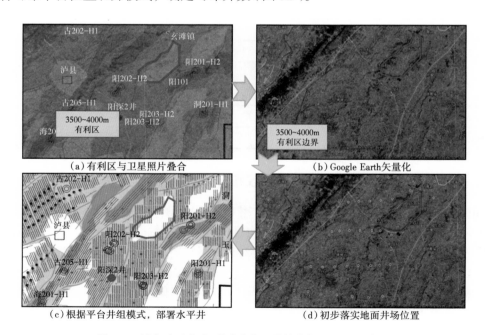

(a) 有利区与卫星照片叠合　　(b) Google Earth 矢量化

(c) 根据平台井组模式，部署水平井　　(d) 初步落实地面井场位置

图 5.9　川南地区盆内平原丘陵地形井位部署流程示意图

5.3 页岩气井最终采收率评价方法

页岩气井开发指标主要有首年日产量、递减率和最终采收率等，它们之间相互关联，其中最终采收率（EUR）是一个综合参数。

5.3.1 页岩气井最终采收率常规评价方法

页岩气井最终采收率评价方法主要有传统经验法、图版法、解析法和数值模拟方法。每种方法都有其适用条件，生产应用时需要根据具体情况进行具体分析（表5.5）。

表 5.5 常规页岩气井最终采收率评价方法

方法分类		时间	名称	适用条件	实际情况
经验法	传统方法	1945	Arps 产量递减方程	定压 + 边界流	非定压非定产
		1973	Fetkovich 联合产量递减曲线	定产生产＋封闭边界	
		1985	Carter 递减曲线扩展到水平压裂井	定产生产	
	页岩气新方法	2008	D.IIK 的幂指数递减方法	不稳定流、过渡期、拟稳态流	
		2009	Matter 的扩展指数递减方法	不稳定流、线性流、径向流	
		2013	修正的扩展指数递减方法	不稳定流、线性流、径向流、拟稳态流	
		2010	Duong 方法	不稳定流、线性流、径向流、拟稳态流	
	组合方法	2019	I-H-S 的双曲递减 + 指数递减	定压生产 + 边界控制流动	
			修正扩展指数 +Duong	不稳定流、线性流、径向流、拟稳态流	
图版法		1993	Blasingame	边界控制流动	
		1998	Wattenbarger		
		1999	AG（Agarwal-Gardner）		
		2001	NPI（规整化压力积分）		
		2003	FMB（流动物质平衡）		
解析法			M.Tabataei 等	所需参数较多	
数值模拟法				已有地质模型，生产历史较长	

5.3.2 基于阶段采出量的气井最终采收率非确定性评价方法

国内建立了首年平均日产量与最终采收率（EUR）预测方法。气井每年都要进行检修，检修时长一般在一个月左右，因此首年平均日产量可根据前十二个月累计产量除以 330d 为标准。若前十二个月停产时间较长，需要对月产量进行顺延，一般年产量计算时要求至少生产 10 个月。

阶段采出量与 EUR 存在正相关关系，同时存在一定偏差，统计方法偏差符合正态分布。气井 EUR 与阶段采出量的相关系数随生产时间增加而增强，为此建立了基于阶段采出量的 EUR 概率预测方法。

EUR 期望值与阶段采出量：$EUR_{EV}=aQ_{1st}+b$

EUR 大小与期望值：$EUR_{20}=f_{(EUREV)}$

用高峰月产量预测 EUR 误差范围为 59%~133%，EUR 期望值 =30× 高峰月产量 +982，25% 概率 EUR=0.86× 期望值，75% 概率 EUR=1.26× 期望值（图 5.10）。

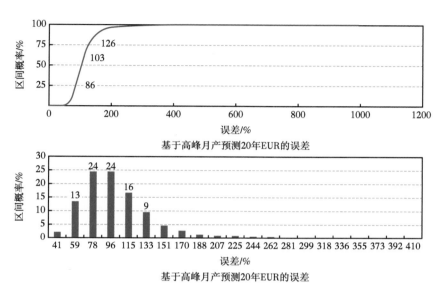

图 5.10　基于高峰月产预测 20 年 EUR 误差

用首年产量预测 EUR 时，误差范围降为 70%~117%。EUR 期望值 =4.19× 首年产量 +645，25% 概率 EUR=0.84× 期望值，75% 概率 EUR=1.13× 期望值（图 5.11）。

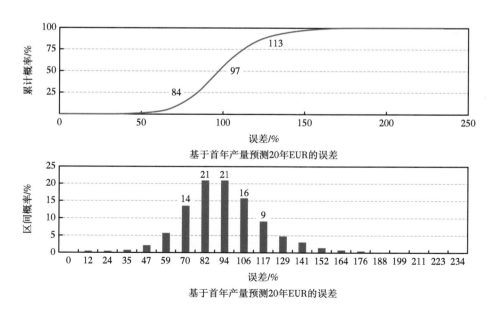

图 5.11　基于首年产量预测 20 年 EUR 的误差

5.3.3 基于机器学习与非确定性的页岩气产能评价方法

（1）页岩气井产能主控因素相关性实例分析。

汇总中国约 150 口页岩气井的地质数据、工程数据及初期产量数据，组成计算数据集。运用 Pearson-MIC 相关性综合评价方法，基于建立的数据集，依据 Pearson 相关系数与最大信息系数 MIC 的计算原理（马文礼等，2018），定量计算各地质因素与工程因素对初期产能的影响程度（表 5.6）。

表 5.6　各因素与页岩气单井初期日产量相关分析

地质因素	相关性度量指标		工程因素	相关性度量指标	
	R	MIC		R	MIC
总厚度 /m	0.2460	0.3113	优质储层钻遇程度 /%	0.4613	0.4412
优质页岩厚度 /m	0.4636	0.4667	压裂段数	0.5166	0.4686
TOC/%	0.6138	0.7128	段间距 /m	−0.3698	0.3101
R_o/%	0.6262	0.3113	射孔簇数	0.5349	0.4509
含气量 /（m³·t⁻¹）	0.7681	0.6412	总液量 /m³	0.4973	0.4202
基质孔隙度 /%	0.3425	0.4063	总砂量 /t	−0.0982	0.4924
基质渗透率 /mD	0.2319	0.0933	单段液量 /m³	−0.0116	0.2899
脆性矿物含量 /%	−0.5660	0.5623	单段砂量 /t	−0.6133	0.7303
压力系数	0.6383	0.7512	施工排量 /（m³·min⁻¹）	0.4833	0.6008
水平段长度 /m	0.3271	0.3942	返排率 /%	−0.3520	0.4896

注：R 指 Pearson 相关系数，正值代表正相关，负值代表负相关；MIC 指最大信息系数。

根据表 5.6 计算结果，首选 Pearson 相关系数绝对值与 MIC 值均大于 0.5 的因素，确定总有机碳含量、含气量、压力系数、脆性矿物含量、单段砂量为一级主控因素。由于筛选出的因素主要是地质因素，无法表征工程因素的影响，需要补充筛选 Pearson 相关系数绝对值与 MIC 值均大于 0.45 的因素，于是确定优质页岩厚度、优质储层钻遇程度、压裂段数、射孔簇数、施工排量为二级主控因素。相对于剩余的其他因素，根据相关性度量指标计算结果，总液量与初期产能的相关性比较高，故将总液量确定为三级主控因素，当然，相比其他已选主控因素，该因素对初期产能的影响较弱。页岩气井产能主控因素筛选结果见表 5.7，主控因素筛选结果基本与现场生产经验相符，同时可以发现地质因素的优先级要普遍高于工程因素，这与现场生产经验也是相符的。在页岩气现场生产中，总是优先考虑地质因素对页岩气井产能的影响，在满足一定地质条件基础上，再考虑工程因素的影响，只有当一个研究区内地质条件差别不大时，才会优先考虑工程因素。

表 5.7　页岩气井产能主控因素

级别	地质因素	工程因素
一级主控因素	总有机碳含量、含气量、压力系数、脆性矿物含量	单段砂量
二级主控因素	优质页岩厚度	优质储层钻遇程度、压裂段数、射孔簇数、施工排量
三级主控因素	—	总液量

（2）基于机器学习与非确定性的页岩气产能预测实例。

选取中国四川盆地某页岩气区块的 30 口页岩气井验证本章方法可靠性，该区块是目前中国最成熟、最具代表性的页岩气生产区块之一，选取的实例验证井也是具有典型代表性的井。首先收集各井的地质参数、工程参数及产量数据，选用 Arps 双曲递减模型计算各井产能指标，拟合得到各井的初期最大日产量、初期递减率及递减指数，得到由 24 口井组成的计算数据集。

随机选取 1 口井（W6 井）作为拟钻页岩气井，剩下的 29 口井作为已投产页岩气井，开展页岩气井产能非确定性预测实例分析，即随机用 29 口井数据对另外 1 口井产能进行非确定性预测。运用 Pearson-MIC 相关性综合评价方法，确定总液量、单段液量、总砂量、单段砂量、用液强度、加砂强度 6 个参数为研究区页岩气井产能指标主控因素。以这 6 个参数为输入变量，以初期最大日产量、初期递减率及递减指数为输出变量，运用混合支持向量机技术 HGAPSO-SVM，训练产能指标确定性预测模型，运用训练好的模型确定性预测拟钻井的产能指标。

本实例仅考虑初期递减率与递减指数的随机性。根据前人研究成果，初期递减率满足对数正态分布，递减指数满足正态分布。统计分析 29 口已钻页岩气井的产能指标可知，初期递减率的样本均值与标准差为 0.25 与 0.15，递减指数的样本均值与标准差为 0.90 与 0.69，由此可以估计拟钻井的初期递减率与递减指数的先验分布。根据已投产井计算产能指标时的拟合误差，确定 σ^2 为 0.03。利用蒙特卡洛—马尔科夫链模拟方法预测拟钻井初期递减率与递减指数的后验分布，在此基础上进行该拟钻井产能的非确定性预测。

图 5.12 为利用本方法对 W6 井产能进行非确定性预测的结果。图 5.12（c）、图 5.12（d）中 P90、P50 与 P10 曲线分别代表在 90%、50%、10% 概率下 W6 井的产能。考虑到异常值影响，通过统计分析仅能直接得到 P90、P10 曲线，P90 曲线接近 W6 井的产能下限，P10 曲线接近 W6 井的产能上限，而 W6 井的产能上、下限需要在 P90、P10 曲线的基础上进行估计。提高页岩气井产能预测结果可靠性的最终目的是降低页岩气开发投资风险，所以实际生产中通常更关注拟钻井产能下限，所以可将 P10 曲线近似作为 W6 井的产能上限。根据页岩气现场人员经验，页岩气井产能预测结果允许不超过 30% 的误差，所以可将 P90 曲线的 30% 误差限作为拟钻井产能下限，这样在保证 P90 曲线准确性的前提下，对拟钻井产能下限的估计误差不会超过 30%。所以，W6 井投产后的产能会落在 P90 曲线的 30% 误差限与 P10 曲线之间的区间，将该区间命名为"准确率评价区间"（图 5.12）。

在图 5.13 中，P90 的 30% 误差限与 P90 的 15% 误差限之间的区间概率很大，可以认为是必然事件，代表 W6 井必然会获得的产量，P90 的 15% 误差限与 P50 曲线之间的区间概率超过 50%，代表 W6 井有超过 50% 概率会获得的产量，P50 曲线与 P10 曲线之间的区间概率低于 50%，代表 W6 井有低于 50% 概率会获得的产量。所以，W6 井投产后的产能很可能（超过 50% 的概率）会落在 P90 曲线的 15% 误差限与 P50 曲线之间的区间，将该区间命名为"大概率事件区间"。对比 W6 井实际产量，可见利用本方法对 W6 井产能的非确定性预测结果是可靠的（图 5.13）。

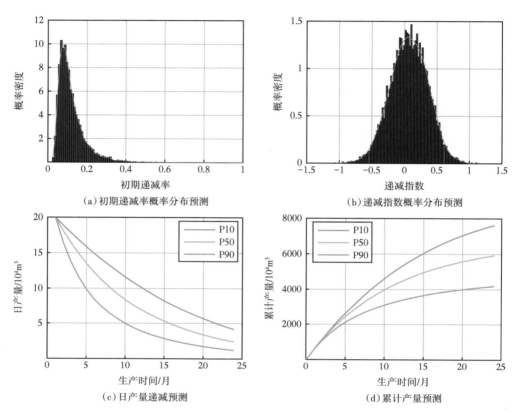

图 5.12　W6 井产气量的非确定性预测结果

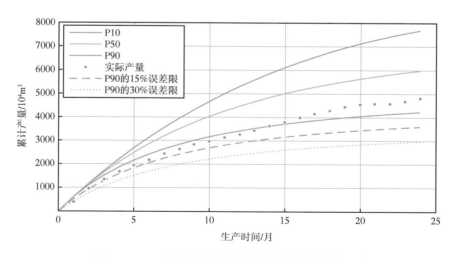

图 5.13　W6 井概率产量预测结果与实际产量对比图

（3）美国页岩区块实例分析。

选取美国 Pennsylvania 州（Appalachian 盆地）Susquehanna 县的 Marcellus 页岩作为目标区块进行多重流动机理产能模型的算例。对目标区块 1004 口生产井的划分，归类 3 个生产井组：高产井组、中产井组和低产井组。从高产、中产和低产井组中选取几口生产井进行单井生产数据拟合，相关参数值见表 5.8。

表 5.8　相关参数值

参数	单位	值
储层厚度 h	m	100
孔隙度 ϕ		0.1
气体相对密度 γ_g		0.69
气体压缩系数 C_g	Pa^{-1}	4×10^{-8}
原始地层压力 p_i	Pa	1.6×10^7
Langmuir 体积 V_L	m^3	12
Langmuir 压力 p_L	Pa	9.6×10^6
井底流压 p_{wf}	Pa	1724000
储层温度 T	K	262.18
井眼半径 r_w	m	0.2
气体黏度 μ_i	Pa·s	2×10^{-5}
气体压缩因子 Z		0.97
表观扩散系数 D	m^2/s	1×10^{-11}
基质等效控制半径 R_m	m	1×10^{-8}

以高产井组为例，运用多参数（渗透率、孔隙度和扩散系数）应力敏感模型，模拟结果如图 5.14 至图 5.17 所示。从图中可以看出，高产井组平均有 65 个月的生产历史，虽然后期生产数据稍微大于模型计算的结果，但是累计产量数据与计算曲线拟合结果很好，故认为整体拟合结果较好。

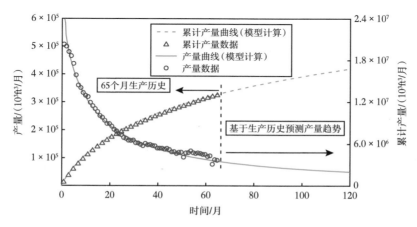

图 5.14　高产井组多参数（渗透率、孔隙度和扩散系数）应力敏感模型拟合结果（$k_{fi}=1.1\times10^{-16}m^2$，$D_i=3\times10^{-11}m^2/s$，$\phi_i=0.001$，$\gamma_D-\delta_D=0.01$，$L=2000m$，$M=20$，$x_f=150m$，$r_e=635m$，$h=80m$）

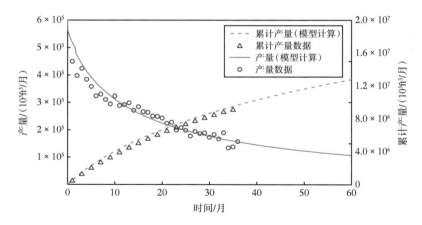

图 5.15　井 GRASAVAGE E-2 拟合结果（k_{fi}=0.9×10^{-16}m^2，D_i=3×10^{-11}m^2/s，ϕ_i=0.001，γ_D-δ_D=0.01，L=2400m，M=24，x_f=150m，r_e=693m，h=80m）

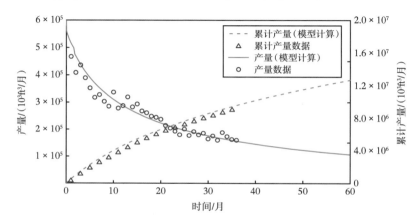

图 5.16　井 GRASAVAGE E-4 拟合结果（k_{fi}=0.9×10^{-16}m^2，D_i=3×10^{-11}m^2/s，ϕ_i=0.001，γ_D-δ_D=0.01，L=2400m，M=24，x_f=150m，r_e=693m，h=80m）

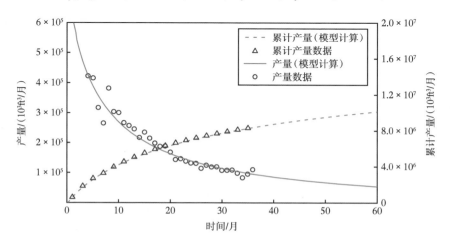

图 5.17　井 MAKOSKY T-8 拟合结果（k_{fi}=1.3×10^{-16}m^2，D_i=3×10^{-11}m^2/s，ϕ_i=0.001，γ_D-δ_D=0.05，L=1400m，M=14，x_f=150m，r_e=538m，h=80m）

将 3 个井组和 13 个单井反演的储层参数和压裂规模参数统计见表 5.9。根据拟合结果可知，整个区块的扩散系数（$D_i=3×10^{-11}\text{m}^2/\text{s}$）和原始孔隙度（$\phi_i=0.001$）均相等，除了水平段长度是根据地质资料获得，其他参数跟井组反演得到的基本参数具有很强的相关性，即单井反演的储层参数值和压裂规模参数值在井组平均产量反演的参数值附近波动，这可以为后期的页岩气藏动态分析提供参考。

表 5.9　个井组和相关单井反演参数值

井组	井名	k_f/m^2	$\gamma_D-\delta_D$	L/m	x_f/m	r_e/m	h/m
高产井组	高产井组拟合值	$1.1×10^{-16}$	0.01	2000	150	635	80
	GRASAVAGE E-2	$0.9×10^{-16}$	0.01	2400	150	693	80
	GRASAVAGE E-4	$0.9×10^{-16}$	0.01	2400	150	693	80
	MAKOSKY T-8	$1.3×10^{-16}$	0.05	1400	150	538	80
中产井组	中产井组拟合值	$0.55×10^{-16}$	0.05	1600	150	572	60
	LATHROP FARM TRUST UNIT B-1H	$1.1×10^{-16}$	0.1	900	180	488	70
	LATHROP FARM TRUST UNIT B-3H	$0.6×10^{-16}$	0.1	900	130	407	45
	MAKOSKY T-1	$1×10^{-16}$	0.1	1300	180	574	70
	MAKOSKY T-6	$1.4×10^{-16}$	0.1	1400	120	477	70
低产井组	低产井组拟合值	$0.35×10^{-16}$	0.18	1400	150	538	30
	CARRAR-2H	$0.35×10^{-16}$	0.18	1900	120	551	30
	HAYES-1-6H	$0.35×10^{-16}$	0.18	1900	130	575	30
	IVEY-1H	$0.4×10^{-16}$	0.1	1000	140	444	30

（4）国内页岩区块实例分析。

以 WY 页岩区块 ×× 井区为算例，验证 Blasingame 产能递减分析法的有效性和适用性。根据国内 WY 页岩区块 ×× 井区气藏储层参数和平台开发井的生产数据，可绘制 3 条 Blasingame 方法规整化生产历史曲线。基于 Blasingame 分析方法的理论，可做页岩气藏压裂水平井 Blasingame 现代典型产量递减图版。再将 ×× 井区的 6 口开发井的 Blasingame 方法规整化生产历史曲线与理论曲线图版进行拟合，结果见图 5.18 至图 5.21 和表 5.10。

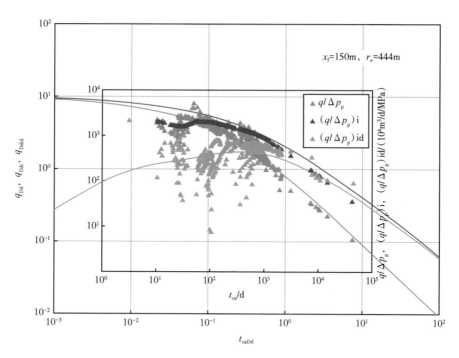

图 5.18　××平台 H1-1 井 Blasingame 方法生产历史曲线与理论曲线图版拟合

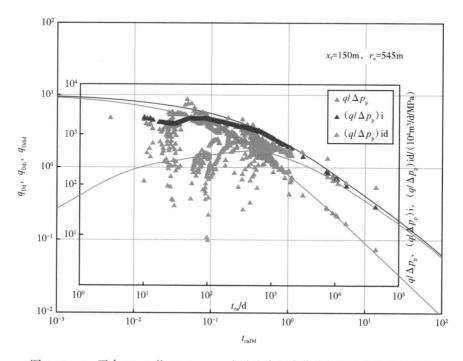

图 5.19　××平台 H1-2 井 Blasingame 方法生产历史曲线与理论曲线图版拟合

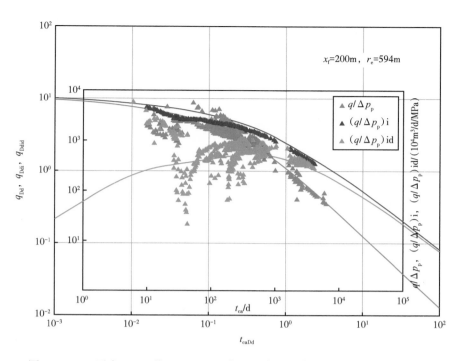

图 5.20　×× 平台 H1-3 井 Blasingame 方法生产历史曲线与理论曲线图版拟合

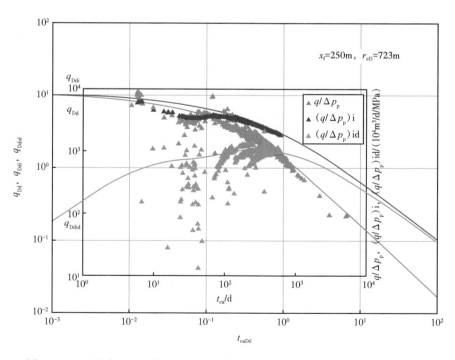

图 5.21　×× 平台 H1-6 井 Blasingame 方法生产历史曲线与理论曲线图版拟合

根据图 5.18 至图 5.21 的拟合结果，可以反演以上 4 口页岩气开发井的基本参数，包括裂缝原始渗透率，裂缝半长和等效控制半径等参数，主要反演参数结果见表 5.10。从表 5.10 可以看出，除了裂缝原始渗透率相等（均为 0.1mD），裂缝半长和等效控制半径随着井号顺位递增。

表 5.10　WY 页岩区块 ×× 井区 4 口开发井反演结果

开发井	裂缝原始渗透率 /mD	裂缝半长 /m	等效控制半径 /m
H1-1	0.1	150	444
H1-2	0.1	150	545
H1-3	0.1	200	594
H1-6	0.1	250	723

参 考 文 献

[1] W.J.Haskett. Production profile evaluation as an element of economic viability and expected outcome.SPE 90440. 2005.

[2] Wayhan.D A et al. Estimating waterfolld recovery in sandstone reservoirs. Drill. and Prod.Pract.API, 1970：251-259.

[3] 李士伦 . 气田开发方案设计 [M]. 北京：石油工业出版社 .2004.

[4] 闫凤萍，陈林媛 . 开发指标预测系统 [J]. 内蒙古石油化工 .2005（1）：80-81.

[5] 胡文瑞，马新华，李景明，等 . 俄罗斯气田开发经验对我们的启示 [J]. 天然气工业，2008，28（2）：1-6.

[6] 赵文智，李建忠，王永祥，等 . SEC 标准确定证实储量边界的方法 [J]. 石油勘探与开发，2006（6）：753-758.

[7] 徐永梅 .SEC 储量评估与中国储量评价的区别 [J]. 企业科技与发展，2009（10）：179-181.

[8] 邵明记，李洪成，李果年，等 . SEC 证实储量静态评估方法应用与实践 [J]. 吐哈油气，2009，14(4)：331-334.

[9] 许静华 . SEC 标准油气储量评估的常用方法及其影响因素分析 [J]. 国际石油经济，2002，10（12）：32-36.

[10] 陈元千 . 井控网格法在储量评估中的应用 [J]. 试采技术 .2005，26（2）：1-7.

[11] 贾爱林，闫海军，郭建林，等 . 全球不同类型大型气藏的开发特征及经验 [J]. 天然气工业，2014，34（10）：32-46.

[12] 宋芊，金之钧 . 大油气田统计特征 [J]. 石油大学学报：自然科学版，2000，24（4）：11-14.

[13] 贾爱林，闫海军，郭建林，等 . 不同类型碳酸盐岩气藏开发特征 [J]. 石油学报，2013，34（5）：913-923.

[14] 王丽娟，何东博，冀光，等 . 低渗透砂岩气藏产能递减规律 [J]. 大庆石油地质与开发，2013，32(1)：81-86.

[15] 马新华，贾爱林，谭健，等 . 中国致密砂岩气开发工程技术与实践 [J]. 石油勘探与开发，2012，39（5）：571-579.

[16] 李海平，贾爱林，何东博，等 . 中国石油的天然气开发进展及展望 [J]. 天然气工业，2010，30（1）：4-7.

[17] 李士伦，潘毅，孙雷 . 对提高复杂气田开发效益和水平的思考与建议 [J]. 天然气工业，2011，31（12）：75-80.

[18] 胡永乐，李保柱，孙志道 . 凝析气藏开采方式的选择 [J]. 天然气地球科学，2003，14（5）：398-401.

[19] 方义生，徐树宝，李士伦 . 乌连戈伊气田开发实践和经验 [J]. 天然气工业，2005，25（6）：90-93.

[20] T.R. Klett and James W. Schmoker. U.S. Geological Survey Input-Data Form and Operational Procedure for the Assessment of Continuous Petroleum Accumulations, 2002. U.S. Geological Survey Digital Data Series DDS-69-D. U.S. Department of the Interior U.S. Geological Survey. Report. 2002：1-8.

[21] Bengt S?derbergh, Kristofer Jakobsson, Kjell Aleklett. European energy security：an analysis of future Russian natural gas production and exports. http：//www.elsevier.com/locate/enpol.2011.

[22] W.J.Haskett.production profile evaluation as an element of economic viability and expected outcome. SPE90440，2005.

[23] Wayhan.D A et al.Estimating waterfolld recovery in sandstone reservoirs.Drill. and Prod.Pract.API，1970：251-259.

[24] 陆家亮，赵素平，韩永新，等.中国天然气跨越式发展与大气田开发关键问题探讨 [J].天然气工业，2013，33（5）：12-18.

[25] 陆家亮，赵素平.中国能源消费结构调整与天然气产业发展前景 [J].天然气工业，2013，33（11）：9-15.

[26] 陆家亮，赵素平，李洋，等.Supply，Demand and Prospect of Natural Gas in Northeast Asia[C].MPC2014，第21届世界石油大会，莫斯科，2014.

[27] 李丕龙.通过类比法分析中国油气资源前景 [J].第二届中国工程院和国家能源局能源论坛论文集.煤炭工业出版社.2012.

[28] 陈元千.预测水驱凝析气藏可采储量的方法 [J].断块油气田.1998（1）：27-32.

[29] 陈元千.确定异常高压气藏地质储量和可采储量的新方法 [J].新疆石油地质，2002（6）：516-519.

[30] 王岩明.模拟技术在石油勘探决策风险分析中的应用 [J].数字化工，2004（9）：40-42.

[31] 张抗.中国石油天然气发展战略 [M].北京：地质出版社，2002.

[32] 常毓文.油气开发战略规划理论与实践 [M].北京：石油工业出版社，2010.

[33] 国家能源局.SY/T 6436—2012 天然气开发规划编制技术要求 [S].北京：石油工业出版社，2012.

[34] 2014年国内外油气行业发展报告.中国石油集团经济技术研究院.2015.1.

[35] 周超，王秀芝.组合预测在油气操作成本预测中的应用 [J].西南石油大学学报（社会科学版）.2009，2（4）：27-29.

[36] 孙旭光，张兆新，白鹤仙，等.灰色理论在克拉玛依油田操作成本预测中的应用 [J].新疆石油地质，2005，26（6）：703-706.

[37] 郭一鸣.塔里木油田原油单位操作成本的灰色预测 [J].吐哈油气，2007，12（3）：298-300.

[38] 张光华，钟水清，唐洪俊，等.灰色预测模型在油气操作成本预测中的应用 [J].钻采工艺，2006，29（5）：126-128.

[39] 王宝毅，张宝生.改进的灰色模型在油气成本预测中的应用 [J].天然气工业，2006，28（6）：149-150.

[40] 余祖德，宋朝霞.灰色模型在油气操作成本预测中的应用 [J].石油化工技术经济，2003，19（6）：50-53.

[41] 陈武，钟水清，唐洪俊，等.油气操作成本预测方法研究 [J].钻采工艺，2006，29（5）：72-76.

[42] 白国平，郑磊.世界大气田分布特征 [J].天然气地球科学：2007，18（2）：161-167.

附 录

附录 1 国内外主要气田开发指标和地质特征参数表

序号	气田	区域	国家	盆地	发现时间	开发时间	可采储量采速/%	稳产末期/a	稳产末期产出程度/%	速减率/%	采收率/%	地质储量/10⁸m³	丰度对数	地理地貌	深度/m	产状	沉积相	层数	净毛比	岩性	原始压力/MPa	孔隙度/%	含水饱和度/%	裂缝类型	驱动类型	边水底水	气体类型	含烃量/%	含H₂S类型	含CO₂类型	油气比对数	地温梯度	压力系数	厚度/m	措施工作量	井网完善程度
1	Aguarague	南美洲	阿根廷	塔里哈盆地	1979	1979	4	12	48	12	77	558	1.8	陆上	4850	层状/多断块	三角洲相	10	0.44	碎屑岩	48	6	32	一类	弹性气驱	构造圈闭为主的边水	干气藏	99	微含硫气藏	微含CO₂气藏		2.7	1.1	350	7	1
2	Aguaytia	南美洲	秘鲁	乌卡亚利盆地	1961	1998	5	8	40	8	70	178	2.3	陆上	2187	块状/整装	河流相湖相		0.72	碎屑岩	26	17	35	四类	强水驱	构造圈闭为主的边水	凝析气藏	87	微含硫气藏	中含CO₂气藏	5.8	2.5	1.2	150	5	1
3	Albuskjell	欧洲	挪威	北海盆地中部	1972	1979	14	1	30	15	45	379	2.7	陆上	3200	层状/多断块	海相	5	0.9	碳酸盐岩	50	21	35	四类	弹性气驱	构造圈闭为主的边水	凝析气藏	99	微含硫气藏	微含CO₂气藏	6.4	4	1.6	122	5	0.6
4	Alwyn North	欧洲	英国	北海盆地	1975	1988	0	6	0	0	55	481	3.1	海上	3231	层状/整装	海相	5	0.55	碎屑岩	50	14	20	四类	弹性气驱	构造圈闭为主的边水	凝析气藏	60	微含硫气藏	微含CO₂气藏	5.4	3.7	1.6	172	9	0.7
5	Amherstia Immortelle	南美洲	特立尼达和多巴哥	哥伦布盆地	1968	1994	8.8	7	62	31	60	1076	3.4	海陆过渡带	1434	层状/多断块	三角洲相	10	0.64	碎屑岩	29	22	20	四类	弱水驱	构造圈闭为主的边水	干气藏	90	微含硫气藏	微含CO₂气藏	4.3	4.8	1	155	5	1
6	Anschutz Ranch East	北美洲	美国	大绿河盆地旁	1979	1981	7.1	5	65	20	48	1694	4.5	陆上	3538	层状/多断块	风成沉积	1	0.8	碎屑岩	41	10	22	二类	弱水驱	构造圈闭为主的边水	干气藏	85	微含硫气藏	低含CO₂气藏	4.6	2.8	1	256	5	0.7
7	Arbuckle Grimes	北美洲	美国	萨克拉门托盆地	1957	1958	9.5	1	31	19	50	50	1.4	陆上	2135	多层/无主力层	海相	10	0.5	碎屑岩	41	23	55	四类	弹性气驱	构造圈闭为主的边水	干气藏	98	微含硫气藏	低含CO₂气藏	3.3	5.5	1.9	84	5	4
8	Arun	亚太	印度尼西亚	北苏门答腊盆地	1971	1977	5.3	10	78	22	88	5600	4.2	陆上	3065	块状/整装	海相	1	0.71	碳酸盐岩	49	16	17	四类	弱水驱	构造圈闭为主的边水	凝析气藏	80	高含硫气藏	高含CO₂气藏	5.5		1.6	153	5	0.1
9	Badak	亚太	印度尼西亚	库特盆地	1972	1977	3.7	22	85	31	82	2259	3.6	海陆过渡带	2785	多层/无主力层	三角洲相		0.06	碎屑岩	30	25	34	四类	弱水驱	构造圈闭为主的边水	凝析气藏	96	含硫气藏	中含CO₂气藏	5	3.7	1	157	9	2.1

续表

序号	气田	区域	国家	盆地	发现时间	开发时间	可采储量采速/%	稳产期/a	稳产未出程度/%	递减率/%	采收率/%	地质储量/10⁸m³	丰度对数	地理地貌	深度/m	产状	沉积相	层数	净毛比	岩性	原始压力/MPa	孔隙度/%	含气饱和度/%	裂缝类型	驱动类型	边水底水	气体类型	含经量/%	H₂S类型	CO₂类型	油气比对数	地温梯度	压力系数	厚度/m	措施工作量	井网完善程度
10	Barbara	欧洲	意大利	亚得里亚海盆地	1971	1981	8.1	6	48	14	80	496	2	海上	1350	层状/多断块	海相	1	0.61	碎屑岩	15	29	35	四类	弱水驱	构造圈闭为主的边水	干气藏	100	微含硫气藏	微含CO₂气藏		3.4	1.2	214	5	1
11	Barque	欧洲	英国	南北海盆地	1966	1990	4.5	6	36	21	45	863	3.2	海上	2425	层状/多断块	风成沉积	3	0.76	碎屑岩	27	11	49	四类	弹性气驱	构造圈闭为主的边水	干气藏	98	微含硫气藏	低含CO₂气藏	1.8	2.9	1.1	185	9	1
12	Barracouta	亚太	澳大利亚	Gippsland Basin	1965	1969	2.8	14	51	5	70	764	2.3	海上	1017	块状/整装	三角洲相	6	0.85	碎屑岩	10	25	10	四类	强水驱	底水	干气藏	97	高含硫气藏	低含CO₂气藏	4.5	5.5	1	85	5	1
13	Beaver River	北美洲	加拿大	西加拿大盆地	1961	1971	11		18	50	12	413	2.3	陆上	3709	块状/整装	海相	1	0.9	碳酸盐岩	40	4	20	三类	水驱	底水	干气藏	93	中含硫气藏	中含CO₂气藏	4.5	4.5	1	266	1	4.4
14	BeecherIsland	北美洲	美国	戴文盆地	1919	1972	5.9	4	40	9	64	36	-0.6	陆上	445	层状/多断块	海相	1	0.83	碳酸盐岩	2	33	50	四类	弹性气驱	构造圈闭为主的边水	干气藏	99	微含硫气藏	微含CO₂气藏		4	0.6	8	5	1
15	Berezanskoye	前苏联	俄罗斯	西西伯利亚盆地	0	1963	13	4	64	35	81	501	0.9	陆上	2570	层状/整装	三角洲相	5	1	碎屑岩	28	14	17	四类	弹性气驱	构造圈闭为主的边水	干气藏	96	微含硫气藏	中含CO₂气藏	2.8	3.4	1.1	10	5	1
16	Bob West	北美洲	美国	墨西哥湾盆地	1990	1991	12	2	35	21	52	544	3.7	陆上	4118	层状/多断块	海相	4	0.52	碎屑岩	76	16	34	四类	弹性气驱	构造圈闭为主的边水	干气藏	99	微含硫气藏	微含CO₂气藏		3.8	1.9	198	5	1.6
17	Bradford	北美洲	美国	安纳达科盆地	1958	1958	2.4	7	55	7	46	189	0	陆上	2196	层状/整装	三角洲相	5	0.1	碎屑岩	24	12	35	四类	弹性气驱	岩性地层圈闭的边水	干气藏	99	微含硫气藏	中含CO₂气藏	3.2	2.7	0.9	10	10	0.8
18	Brae North Bracken	欧洲	英国	北海盆地	1975	1988	8.4	3	47	13	80	283	2.7	海上	3633	层状/多断块	三角洲相		0.85	碎屑岩	48	21	15	四类	弱水驱	构造圈闭为主的边水	凝析气藏	86	高含硫气藏	中含CO₂气藏	6.9	3.2	1.2	340	9	1
19	BraeEast	欧洲	英国	北海盆地	1980	1993	7	7	53	13	80	416	3	海上	3865	层状/整装	三角洲相		0.2	碎屑岩	53	19	15	四类	弱水驱	构造圈闭为主的边水	凝析气藏	76	微含硫气藏	中含CO₂气藏	6.6	2.9	1.4	150	5	1
20	Branton	北美洲	美国	东得克萨斯盆地	1981	1981	5.4	10	71	15	60	30	3.2	陆上	4514	层状/多断块	海相		0.57	碳酸盐岩	90	25	20	三类	弹性气驱	构造圈闭为主的边水	干气藏	99	微含硫气藏	微含CO₂气藏		3.4	2	65	5	1.2
21	Britannia	欧洲	英国	北海盆地	1975	1998	7.9	6	49	13	65	1303	1.7	海上	3597	层状/多断块	三角洲相	7	0.4	碎屑岩	41	15	32	四类	弱水驱	构造圈闭为主的边水	凝析气藏	97	微含硫气藏	中含CO₂气藏	5.8	3.6	1	30	5	1
22	Bruce	欧洲	英国	北海盆地	1974	1993	7.7	8	75	20	68	1190	2.8	海上	3367	层状/整装	三角洲相	3	0.2	碎屑岩	39	16	20	四类	弱水驱	构造圈闭为主的边水	干气藏	99	微含硫气藏	微含CO₂气藏	4	2.6	1.2	40	5	1
23	Caroline	北美洲	加拿大	西加拿大沉积盆地	1986	1993	7.1	7	64	15	84	623	1.5	陆上	2400	层状/多断块	海相		0.43	碳酸盐岩	37	10	9	四类	弱水驱	构造圈闭为主的边水	凝析气藏	60	特高含硫气藏	中含CO₂气藏	5.8	3.9	1	40	5	1

续表

序号	气田	区域	国家	盆地	发现时间	开发时间	可采储量采速率/%	稳产期/a	稳产末期采出程度/%	递减率/%	采收率/%	地质储量/10^8m^3	丰度（对数）	地理地貌	深度/m	产状	沉积相	层数	净毛比	岩性	原始压力/MPa	孔隙度/%	含水饱和度/%	裂缝类型	驱动类型	边水底水	气藏类型	含烃量/%	H_2S类型	CO_2类型	油气比对数	地温梯度	压力系数	厚度/m	措施工作量	井网完善程度
24	Carthage	北美洲	美国	墨西哥湾盆地	1936	1936	3.7	5	28	5	58	3679	1	陆上	2501	层状/多断块	海相	2	0.44	碳酸盐岩	33	18	17	四类	弱水驱	构造圈闭为主的边水	干气藏	96	微含硫气藏	低含CO_2气藏	4.4	3.5	1.2	6	5	0.1
25	Catedral	北美洲	墨西哥		1991	1999	9.1	7	73	29	61	247	3.2	陆上	2640	块状/整装	海相	8	1	碳酸盐岩	29	6	14	二类	强水驱	构造圈闭为主的边水	凝析气藏	99	微含硫气藏	微含CO_2气藏	5.5	4.4	1.2	231	5	1.8
26	cheyenne West	北美洲	美国	安纳达科盆地	1975	1976	0	0	0	0	80	122	-0.2	陆上	4572	层状/多断块	河流相湖相	1	0.8	碎屑岩	103	13	24	三类	弹性气驱	岩性地层圈闭边水	干气藏	95	微含硫气藏	中含CO_2气藏	2.7	2.7	2.2	7	5	1.1
27	Chuchupa	南美洲	哥伦比亚	瓜希拉盆地	1973	1979	3.8	13	80	18	77	1330	2.5	海上	1585	块状/整装	海相	4	0.92	碎屑岩	17	25	25	四类	弱水驱	构造圈闭为主的边水	干气藏	100	微含硫气藏	低含CO_2气藏	1.8	3.8	1.1	168	5	1
28	Clipper	欧洲	英国	南北海盆地	1969	1990	5	9	43	10	64	331	1.9	海上	2501	块状/整装	风成沉积相	3	0.81	碎屑岩	27	11	51	四类	弹性气驱	构造圈闭为主的边水	凝析气藏	98	微含硫气藏	低含CO_2气藏	5.9	5.3	1	177	9	0.8
29	Dongara	亚太	澳大利亚	Perth Basin	1966	1971	6	11	71	31	86	153	1.4	陆上	1520	层状/多断块	三角洲相	1	0.7	碎屑岩	17	20	15	四类	弱水驱	构造圈闭为主的边水	干气藏	97	特高含硫气藏	低含CO_2气藏		4.3	0.9	40	5	1
30	East Crossfield	北美洲	加拿大		1960	1968	2.8	16	46	5	84	413	0.3	陆上	1649	层状/多断块	海相	1	0.55	碎屑岩	25	6	18	三类	弱水驱	构造圈闭为主的边水	凝析气藏	60	微含硫气藏	低含CO_2气藏	3		1	21	5	1
31	Ekofisk West	欧洲	挪威	北海盆地	1970	1977	18	2	37	17	70	368	3.9	海上	3065	块状/整装	海相	2	0.83	碳酸盐岩	50	30	15	三类	弹性气驱	构造圈闭为主的边水	干气藏	92	微含硫气藏	中含CO_2气藏	7.1	3.9	1.6	110	5	0.8
32	Elgin	欧洲	英国	北海盆地	1991	2001	14	2	34	19	55	434	3.3	海上	5630	层状/整装	海相	3	0.17	碳酸盐岩	111	17	40	四类	弹性气驱	构造圈闭为主的边水	凝析气藏	83	微含硫气藏	低含CO_2气藏	7.3	3.2	2.1	230	5	1
33	Ellis Ranch	北美洲	美国	安纳达科盆地	1958	1958	1.5	26	55	8	63	196	-0.2	陆上	2166	层状/多断块	三角洲相	4	0.95	碎屑岩	15	14	35	四类	弹性气驱	构造圈闭为主的边水	凝析气藏	99	高含硫气藏	中含CO_2气藏	2.7	2.7	0.7	8	10	0.6
34	Erskine	欧洲	英国	北海盆地中部	1981	1998	8.4	5	43	20	65	176	4.2	海上	4572	块状/整装	海相	6	0.5	碎屑岩	96	23	17	二类	弹性气驱	构造圈闭为主的边水	凝析气藏	96	微含硫气藏	微含CO_2气藏	6.8	3.6	2.1	65	5	1
35	Everest	欧洲	英国	北海盆地	1982	1993	8.4	7	82	21	67	311	0.8	海上	2530	块状/整装	海相	3	0.5	碎屑岩	34	22	40	四类	弹性气驱	岩性地层圈闭边水	凝析气藏	78	高含硫气藏	中含CO_2气藏	5.2	4.4	1	12	5	0.1
36	Franklin	欧洲	英国	北海盆地中部	1986	2001	11	3	55	19	63	407	3.6	海上	5173	块状/整装	海相	3	0.95	碎屑岩	110	16	40	四类	弹性气驱	构造圈闭为主的边水	凝析气藏	99	微含硫气藏	中含CO_2气藏	6.7	3.6	2	150	5	1
37	Frigg	欧洲	英国	北海盆地	1971	1977	8.9	6	65	19	78	2467	3.2	海上	1788	块状/整装	海相	1		碎屑岩	20	25	9	四类	强水驱	底水	干气藏	99	微含硫气藏	低含CO_2气藏	1.4	2.9	1	100	10	1

续表

序号	气田	区域	国家	盆地	发现时间	开发时间	可采储量采速/%	稳产期/a	稳产末期采出程度/%	递减率/%	采收率/%	地质储量/10^8m^3	丰度对数	地理地貌	深度/m	产状	沉积相	层数	净毛比	岩性	原始压力/MPa	孔隙度/%	含水饱和度/%	裂缝类型	驱动类型	边水底水	气体类型	含烃量/%	H_2S类型	CO_2类型	油气比对数	地温梯度	压力系数	厚度/m	措施工作量	井网完善程度
38	Gazli	中亚	乌兹别克斯坦	阿姆尔/卡拉库姆	1956	1962	5.3	12	72	22	85	5114	3	陆上	1080	层状/整装	河流相湖相	7	0.62	碎屑岩	9	22	41	四类	弱水驱	构造圈闭为主的边水	干气藏	99	微含硫气藏	微含CO_2气藏	1.3	4.4	1.2	350	5	1
39	Gidgealpa	亚太	澳大利亚	库伯盆地	1963	1969	12	1	18	15	84	82	2.3	陆上	1777	层状/整装	河流相湖相	3	0.84	碎屑岩	22	14	34	四类	弹性气驱	构造圈闭为主的边水	干气藏	99	微含硫气藏	微含CO_2气藏	5.4	5.4	1	20	5	1
40	Goodwyn	亚太	澳大利亚	卡那封盆地	1971	1995	8.3	6	50	12	59	2151	2.1	海上	2800	层状/整装	河流相湖相	2	0.2	碎屑岩	29	22	25	四类	中等水驱	构造圈闭为主的边水	凝析气藏	96	微含硫气藏	低含CO_2气藏	5.8	3.4	1.1	78	5	0.1
41	Grenzbereich	欧洲	德国		1965	1966	5.6	15	90	25	80	745	2.9	海上	3000	块状/整装	河流相湖相	1	0.8	碎屑岩	30	15	30	四类	弱水驱	底水	干气藏	98	微含硫气藏	低含CO_2气藏		2.7	1	20	5	1
42	Grimes Arbuckle	北美洲	美国	萨拉门盆地	1960	1961	4	6	67	13	50	396	1.9	陆上	2440	多层/无主力层	三角洲	10	0.4	碎屑岩	41	28	38	四类	弹性气驱	构造圈闭为主的边水	干气藏	98	微含硫气藏	低含CO_2气藏	2.6	2.6	1.7	76	9	2.1
43	Groningen	欧洲	荷兰	北海盆地	1959	1963	1.6	44	70	5	90		3.5	海陆过渡带	2783	块状/整	海相	1	0.9	碎屑岩	35	18	25	四类	弱水驱	构造圈闭为主的边水	干气藏	85	微含硫气藏	低含CO_2气藏	0.9	3.5	1.2	158	5	1.7
44	Hajduszoboszlo	欧洲	匈牙利		1959	1961	5.3	7	51	11	87	329	2	陆上	1200	层状/整装	风成沉积	2	0.38	碳酸盐岩	12	22	50	四类	弹性气驱	构造圈闭为主的边水	干气藏	94	微含硫气藏	低含CO_2气藏		6.5	1	60	5	1
45	Harmattan East	北美洲	加拿大	西加拿大沉积盆地	1957	1964	4.2	10	50	9	70	481	0.8	陆上	1448	块状/整	海相	4	0.5	碎屑岩	24	9	20	四类	弹性气驱	构造圈闭为主的边水	干气藏	91	微含硫气藏	低含CO_2气藏	5.4	5.7	1.6	37	9	1
46	Harmattan Elkton	北美洲	加拿大	西加拿大沉积盆地	1954	1954	5.3	12	50	11	86	541	2	陆上	1539	块状/整	海相	2	0.5	碳酸盐岩	25	11	9	四类	弹性气驱	构造圈闭为主的边水	凝析气藏	88	中含硫气藏	中含CO_2气藏	5.5	5.5	0.9	21	9	1
47	Hateiba	中东	利比亚		1963	1977	4.4	10	66	11	71	793	1.8	陆上	2590	层状/整	海相	1	0.63	碳酸盐岩	26	8	20	四类	弹性气驱	构造圈闭为主的边水	凝析气藏	69	中含硫气藏	中含CO_2气藏	1.6	5.4	1	67	5	1
48	Hatters-Pond	北美洲	美国	墨西哥湾盆地	1974	1975	5.2	8	80	20	65	213	1.8	陆上	5497	块状/整装	风成沉积	4	0.63	碎屑岩	63	10	31	三类	弱水驱	底水	干气藏	69	微含硫气藏	中含CO_2气藏	7.2	2.8	1.2	40	5	2
49	Heimdal	欧洲	挪威	北海盆地	1972	1986	8	8	85	42	69	634	3	海上	2010	块状/整装	海相	6	0.79	碎屑岩	22	25	11	四类	强水驱	构造圈闭为主的边水	凝析气藏	99	微含硫气藏	低含CO_2气藏	4.9	3.3	1	316	5	1
50	Hewett	欧洲	英国	北海盆地	1966	1969	5.9	7	56	13	62	1972	3.1	海上	1370	块状/整装	三角	3	0.94	碎屑岩	14	21	18	四类	弹性气驱	底水	干气藏	97	微含硫气藏	低含CO_2气藏	3.1	1.5	1	259	5	1
51	Hugoton Kansas	北美洲	美国	安纳达科盆地	1922	1928	2.1	16	56	8	84	8490	-0.6	陆上	885	层状/多断块	海相	5	0.19	碳酸盐岩	3	14	25	四类	弹性气驱	构造圈闭为主的边水	干气藏	93	微含硫气藏	低含CO_2气藏	2.5	2.5	0.3	14	5	1.2

续表

序号	气田	区域	国家	盆地	发现时间	开发时间	可采储量采出程度/%	稳产期采速/a	稳产末采出程度/%	递减率/%	采收率/%	地质储量/10⁸m³	丰度对数	地理地貌	深度/m	产状	沉积相	层数	净毛比	岩性	原始压力/MPa	孔隙度/%	含水饱和度/%	裂缝类型	驱动类型	边底水	气体类型	含烃量/%	H₂S类型	CO₂类型	油气比对数	地温梯度	压力系数	厚度/m	措施工作量	井网完善程度
52	Indefatigable	欧洲	英国	北海盆地	1966	1971	4.5	14	63	12	84	1585	2.3	海上	2593	块状/整装	风成沉积	1	0.97	碎屑岩	28	15	30	四类	弹性气驱	底水	干气藏	95	微含硫气藏	低含CO₂气藏	1.4	3.1	1.1	52	5	1
53	Ivana	前苏联	克罗地亚		1973	1999	8.2	7	60	14	70	115	-0.1	海上	950	层状/多断块	海相	10	0.38	碎屑岩	10	32	40	四类	弹性气驱	构造圈闭为主的边水	干气藏	98	微含硫气藏	微含CO₂气藏	2.3	2.3	1	13	9	1
54	Jonah	北美洲	美国	大绿河盆地	1975	1992	5.8	8	44	12	43	4330	3.8	陆上	3050	透镜状	河流相湖泊相	5	0.22	碎屑岩	42	11	47	二类	弹性气驱	岩性地层圈闭边水	干气藏	98	微含硫气藏	低含CO₂气藏	4.1	3	1.3	305	10	0.7
55	Jumping Pound West	北美洲	加拿大	西加拿大沉积盆地	1961	1968	2.8	8	53	9	84	765	2.2	陆上	1798	层状/整装	海相	2	0.84	碳酸盐岩	29	6	15	二类	弹性气驱	构造圈闭为主的边水	干气藏	86	高含硫气藏	中含CO₂气藏	4.2	4	0.9	36	5	1
56	JumpingPound	北美洲	加拿大	西加拿大盆地	1944	1951	3	10	27	4	73	256	2.2	陆上	2928	层状/整装	海相	3	0.56	碳酸盐岩	27	8	10	二类	弱水驱	构造圈闭为主的边水	干气藏	89	高含硫气藏	中含CO₂气藏	4.2	2.8	0.9	43	5	1
57	Jumping PoundWest	北美洲	加拿大	西加拿大盆地	1961	1968	3	12	64	8	84	764	2.1	陆上	3218	层状/整装	海相	2	0.8	碳酸盐岩	29	6	15	二类	弹性气驱	构造圈闭为主的边水	干气藏	86	高含硫气藏	中含CO₂气藏	4.7	2.2	0.9	43	5	1.1
58	Kanevsko Lebyazhyeskoye	前苏联	俄罗斯	西西伯利亚盆地	1956	1957	4.1	8	69	14	71	404	1.4	陆上	1700	层状/多断块	海相	9	0.71	碎屑岩	19	22	20	四类	弱水驱	构造圈闭为主的边水	凝析气藏	99	微含硫气藏	微含CO₂气藏	6	4.1	1.1	47	9	1
59	kaybob South	北美洲	加拿大	西加拿大盆地	1961	1965	4.8	20	83	16	77	1058	1.5	陆上	3100	块状/整装	海相	2	0.6	碳酸盐岩	32	8	10	一类	弱水驱	底水	凝析气藏	69	特高含硫气藏	中含CO₂气藏	1.7	3.4	1	110	9	1.1
60	Kenai	北美洲	美国	库克湾盆地	1959	1960	3	20	66	18	81	1049	3.1	陆上	3048	层状/多断块	三角洲相	10	0.81	碎屑岩	32	20	40	四类	弹性气驱	构造圈闭为主的边水	干气藏	100	微含硫气藏	微含CO₂气藏	3.3	1.7	1	61	5	1
61	kinsale	欧洲	爱尔兰	北凯尔特海盆地	1971	1978	4.8	16	83	20	65	723	1.9	海上	905	块状/整装	海相	3	0.65	碎屑岩	9	20	28	四类	弹性气驱	构造圈闭为主的边水	干气藏	60	微含硫气藏	微含CO₂气藏	2.3	3.3	1.1	27	5	1
62	Kinsale Head	欧洲	爱尔兰	北凯尔特海盆地	1971	1978	4.8	16	82	14	65	668	1.8	海上	860	层状/多断块	三角洲相	3	0.65	碎屑岩	9	20	28	四类	弹性气驱	构造圈闭为主的边水	干气藏	99	微含硫气藏	微含CO₂气藏	3.1	2.3	1	37	5	1
63	Korobkov	前苏联	俄罗斯	伏尔加-乌拉尔盆地	1951	1957	9.1	2	32	1	92	509	1	陆上	1720	层状/整装	海相	10	0.28	碎屑岩	18	5	10	一类	弹性气驱	底水	干气藏	99	低含硫气藏	微含CO₂气藏	3	3.1	1	33	5	1
64	Kushchevskoye	前苏联	俄罗斯	西西伯利亚盆地	1958	1961	9.6	8	50	17	81	339	2.2	陆上	1348	层状/多断块	三角洲相	6	0.81	碳酸盐岩	15	26	37	四类	弹性气驱	构造圈闭为主的边水	干气藏	99	微含硫气藏	低含CO₂气藏	3.3	2.4	1.1	112	5	1
65	L/10	欧洲	荷兰	北海盆地	1975	1975	5.1	8	47	7	80	652	2.8	海上	3702	块状/整装	三角洲相	2	0.32	碎屑岩	41	15	15	四类	弹性气驱	底水	干气藏	99	微含硫气藏	微含CO₂气藏	1.6	3	1.1	42	5	1

续表

序号	气田	区域	国家	盆地	发现时间	开发时间	可采储量采速/%	稳产期/a	稳产末期采出程度/%	递减率/%	采收率/%	地质储量/10⁸m³	丰度对数	地理地貌	深度/m	产状	沉积相	层数	净毛比	岩性	原始压力/MPa	孔隙度/%	含水饱和度/%	裂缝类型	驱动类型	边底水	气体类型	含烃量/%	H₂S类型	CO₂类型	油气比对数	地温梯度	压力系数	厚度/m	措施工作量	井网完善程度
66	Lacq	欧洲	法国	阿坤坦盆地	1949	1956	3.1	23	76	11	80	3113	3.3	陆上	4094	块状/整装	海相	3	0.7	碳酸盐岩	68	3	35	一类	弹性驱	无水	干气藏	73	特高含硫气藏	中含CO₂气藏	3.1	2.9	1.7	300	5	1.4
67	LakeCreek	北美洲	美国	墨西哥湾盆地	1941	1941	4.1	6	42	22	37	163	2.7	陆上	2577	层状/多断块	三角洲相	10	0.6	碎屑岩	39	11	38	四类	弹性驱	构造圈闭为主的边水	凝析气藏	99	微含硫气藏	微含CO₂气藏	5.3	3.1	1	13	9	1.6
68	Leman	欧洲	英国	南北海盆地	1966	1968	3.9	17	69	7	87	3927	2.6	海上	1983	块状/整装	风成沉积		0.71	碎屑岩	21	12	41	二类	弹性气驱	底水	干气藏	99	微含硫气藏	低含CO₂气藏	1.6	2.1	1	174	9	1
69	Leningradskoye	前苏联	俄罗斯	西西伯利亚盆地	1958	1958	7.8	10	80	30	89	382	1.6	陆上	2180	层状/多断块	三角洲相	8	0.89	碎屑岩	24	20	37	四类	弱水驱	构造圈闭为主的边水	干气藏	99	微含硫气藏	低含CO₂气藏	3.9	2.4	1.1	116	5	1
70	Limestone rundle Formation	北美洲	加拿大	加拿大落基山脉褶皱及冲断带	1975	1980	6.9	1	43	9	75	306	1.1	陆上	3029	多层/无主力层	海相	1	0.3	碎屑岩	24	8	10	二类	弹性气驱	构造圈闭为主的边水	干气藏	86	高含硫气藏	中含CO₂气藏	2	2	0.8	76	5	3.3
71	Limestone Wabamun Formation	北美洲	加拿大	加拿大落基山脉褶皱及冲断带	1975	1980	4.4	6	66	10	86	166	0.5	陆上	3762	多层/无主力层	海相	1	0.25	碳酸盐岩	30	5	20	二类	弹性驱	构造圈闭为主的边水	干气藏	60	硫化氢气藏	中含CO₂气藏	2.6	2.6	0.8	84	5	
72	LowerMobileBay	北美洲	美国	墨西哥湾盆地	1979	1988	4	16	84	20	75	226	2.3	海上	6239	块状/无主力层	海相	2	0.6	碳酸盐岩	78	12	35	四类	弹性驱	底水	干气藏	86	高含硫气藏	高含CO₂气藏	6.6	3	1	80	5	0.8
73	Malossa	欧洲	意大利	Po盆地	1973	1974	15	1	41	20	15	509	3.9	陆上	5830	块状/整装	海相	5	0.52	碎屑岩	105	3	45	二类	弹性驱	底水	凝析气藏	83	微含硫气藏	中含CO₂气藏	3.8	2.5	1.2	300	1	0.2
74	Markham	欧洲	英国/荷兰	南北海盆地	1984	1992	9.1	3	28	11	75	264	1.6	海上	3350	块状/整装	海相	3	0.84	碎屑岩	39	14	23	四类	水洗	构造圈闭为主的边水	干气藏	99	微含硫气藏	低含CO₂气藏	5.2	3.2	1.8	40	5	
75	Marlin Turrum	亚太	澳大利亚		1966	1970	3	20	68	10	80	1239	3.7	海上	2160	层状/整装	三角洲相	3	0.57	碎屑岩	23	14	30	四类	弹性驱	构造圈闭为主的边水	凝析气藏	94	微含硫气藏	微含CO₂气藏	4.3	4.1	1.2	29	5	1
76	Mastakh	前苏联	俄罗斯	维尤伊盆地	1967	1973	6.1	5	62	12	42	323	1.7	陆上	1600	块状/整装	三角洲相	3	0.42	碎屑岩	29	20	39	四类	中等水驱	底水	干气藏	85	微含硫气藏	微含CO₂气藏	5.4	2.7	1.1	32	5	0.2
77	Maui	亚太	新西兰	/	1969	1979	4.2	17	71	20	53	1924	2.3	海上	3225	块状/整装	三角洲相	5	0.61	碎屑岩	28	18	40	四类	强水驱	构造圈闭为主的边水	干气藏	99	微含硫气藏	中含CO₂气藏	4.4	2.8	0.9	76	5	1
78	McAllenRanch	北美洲	美国	墨西哥湾盆地	1960	1960	3.9	12	62	10	50	1100	3	陆上	3813	层状/多断块	海相	9	0.33	碎屑岩	86	19	45	四类	弹性气驱	构造圈闭为主的边水	干气藏	99	微含硫气藏	微含CO₂气藏		4.2	2.1	12	9	0.7

续表

序号	气田	区域	国家	盆地	发现时间	开发时间	可采储量采速/%	稳产期/a	稳产未出程度/%	递减率/%	采收率/%	地质储量/10⁸m³	丰度对数	地理地貌	深度/m	产状	沉积相	层数	净毛比	岩性	原始压力/MPa	孔隙度/%	含水饱和度/%	裂缝类型	驱动类型	边水底水	气体类型	含气饱和度/%	H₂S类型	CO₂类型	油气比对数	地温梯度	压力系数	厚度/m	措施工作量	井网完善程度
79	Medicine Hat	北美洲	加拿大	威尔斯顿盆地	1890	1957	1.6	32	65	13	35	2476	-0.6	陆上	440	透镜状	三角洲相		0.43	碎屑岩	4	20	43	四类	弹性气驱	无水	干气藏	96	微含硫藏	低含CO₂藏		1.5	1	4	9	2.8
80	Medicine bat A	北美洲	加拿大	威尔斯顿盆地	1890	1957	1.9	12	27	5	35	930	-0.7	陆上	440	透镜状	河流相/湖相		0.43	碎屑岩	4	20	43	四类	弹性气驱	无水	干气藏	96	微含硫藏	低含CO₂藏		1.5	1	4	9	1.7
81	Medvezhye	前苏联	俄罗斯	西西伯利亚盆地	1967	1971	3.1	15	54	8	86	/	2.5	陆上	1100	块状/整装	三角洲相	10	0.7	碎屑岩	12	24	41	四类	弱水驱	底水	干气藏	99	微含硫藏	低含CO₂藏		4	1.1	178	5	0.3
82	Meillon	欧洲	法国	阿坤坦盆地	1965	1968	4.7	10	57	14	75	757	2.5	陆上	4300	层状/整装	海相	4	0.5	碳酸盐岩	48	6	20	二类	弱水驱	构造圈闭为主附为的边水	干气藏	83	高含硫藏	中含CO₂气藏		3.2	1.1	200	5	0.2
83	Midgard	欧洲	挪威	北海盆地	1981	2000	12	2	51	16	72	2051	3.8	陆上	2270	块状/整装	海相	3	0.72	碎屑岩	25	27	8	四类	中等水驱	底水	凝析气藏	91	微含硫藏	低含CO₂藏	5.3	3.6	1.1	300	5	1
84	MilisRanch	北美洲	美国	安纳达科盆地	1972	1973	12	2	43	25	75	115	1.5	海上	6062	层状/多断块	三角洲相	6	0.1	碳酸盐岩	63	7	25	二类	弱水驱	构造圈闭为主的边水	干气藏	97	微含硫藏	微含CO₂藏		1.9	1	29	5	0.9
85	Mirmenskoye	前苏联	俄罗斯	西西伯利亚盆地	0	1969	10	17	20	19	71	721	1.9	陆上	2700	层状/多断块	海相	5	0.71	碎屑岩	27	26	42	四类	弱水驱	构造圈闭为主的边水	干气藏	95	微含硫藏	低含CO₂藏	4	3	1	89	5	1
86	Molve Complex	欧洲	克罗地亚/匈牙利	西西伯利亚盆地	1974	1981	4.1	1	31	5	80	510	-0.6	陆上	3400	层状/多断块	海相	1	0.8	碳酸盐岩	48	11	44	二类	弱水驱	构造圈闭为主的边水	凝析气藏	78	特高含硫藏	中含CO₂气藏	6.2	5	1	50	9	0.2
87	Muspac	中美洲	墨西哥		1982	1982	3.2	5	55	7	48	883	3.8	陆上	2700	块状/整装	多	6	0.48	碳酸盐岩	31	10	15	二类	中等水驱	构造圈闭为主的边水	凝析气藏	83	高含硫藏	高含CO₂藏	5.4	3.7	1.4	148	5	0.6
88	nayip	中亚	土库曼斯坦	安纳达科盆地	1970	1972	11	6	11	14	93	1704	2.4	陆上	2499	层状/多断块	海相	1	0.32	碎屑岩	28	16	43	四类	弱水驱	构造圈闭为主的边水	干气藏	99	微含硫藏	中含CO₂气藏	3.3	3.3	1.2	113	5	1
89	NE Cedardale	北美洲	美国	西西伯利亚盆地	1959	1959	6	5	30	9	91	33	0.7	陆上	2524	层状/多断块	三角洲相	4	0.28	碎屑岩	25	16	18	四类	弹性气驱	构造圈闭为主的边水	干气藏	99	微含硫藏	低含CO₂藏	2.7	2.3	1	13	5	2
90	North Stavropol	前苏联	俄罗斯	库班湾盆地	1950	1956	6.2	6	56	17	90	2536	1.4	陆上	1050	块状/整装	海相		0.9	碎屑岩	7	17	30	四类	弱水驱	底水	干气藏	99	微含硫藏	微含CO₂藏		1.9	0.6	13	5	1
91	NorthCookInlet	北美洲	美国	北安门哥腊盆地	1962	1969	2	33	68	8	81	814	3.2	海上	1554	层状/整装	三角洲相		0.81	碎屑岩	17	28	40	四类	弱水驱	构造圈闭为主的边水	干气藏	99	微含硫藏	微含CO₂藏		2.5	1.1	143	5	2
92	NSO-A	亚太	印度尼西亚	北苏门答腊盆地	1972	1999	9.7	5	49	15	74	566	2.6	海上	1270	层状/整装	海相	3	0.7	碳酸盐岩	14	23	8	四类	弹性气驱	底水	干气藏	65	中含硫藏	高含CO₂藏		9.5	1.1	90	5	1

续表

序号	气田	区域	国家	盆地	发现时间	开发时间	可采储量采速/%	稳产期/a	稳产末采出程度/%	速减率/%	采收率/%	地质储量/10^8m^3	丰度对数	地理地貌	深度/m	产状	沉积相	层数	净毛比	岩性	原始压力/MPa	孔隙度/%	含水饱和度/%	裂缝类型	驱动类型	边底水	气体类型	含烃量/%	H_2S类型	CO_2类型	油气比对数	地温梯度	压力系数	厚度/m	钻井工作量	井网完善程度
93	Odin	欧洲	挪威	北海盆地	1974	1984	11	7	84	41	64	431	2.7	海上	1964	块状/整装	三角洲相	1	0.5	碎屑岩	21	30	24	四类	弱水驱	构造圈闭为主的边水	干气藏	99	微含硫气藏	微含CO_2气藏	1.5	2.8	1.1	40	5	1
94	Orenburg	前苏联	俄罗斯	伏尔加河-乌拉尔盆地	1966	1971	2.3	14	38	5	66	/	3.2	陆上	1700	块状/整装	河流相湖相	6	0.38	碳酸盐岩	20	13	20	一类	弱水驱	底水	干气藏	96	中含硫气藏	低含CO_2气藏	3.9	1.3	1.1	172	5	1
95	Pagerungan	亚太	印度尼西亚	东加瓦盆地	1985	1994	11	6	70	19	69	449	1.8	海上	1737	层状/整装	河流相湖相	2	0.65	碎屑岩	21	21	18	四类	中等水驱	构造圈闭为主的边水	干气藏	99	微含硫气藏	微含CO_2气藏	3.9	2.3	1.1	65	5	1
96	PecosSlope	北美洲	美国	墨西哥湾盆地	1977	1980	3.3	8	26	5	75	283	-0.9	陆上	693	透镜状	河流相湖相	10	0.09	碎屑岩	8	13	39	三类	弹性驱	无水	干气藏	94	微含硫气藏	微含CO_2气藏	0	4.2	1	9	10	1.1
97	Pirkoh	亚太	巴基斯坦	/	0	1984	8.4	1	55	15	59	459	1.3	陆上	870	块状/整装	海相	2	0.59	碎屑岩	16	12	35	四类	强水驱	构造圈闭为主的边水	干气藏	99	微含硫气藏	微含CO_2气藏		1.7	1.8	98	5	1
98	Pointed Mountain	北美洲	加拿大	西加拿大盆地	1967	1972	11	4	46	16	39	227	0.4	陆上	3912	层状/整装	三角洲相	2	0.7	碳酸盐岩	47	10	35	二类	强水驱	底水	干气藏	99	微含硫气藏	微含CO_2气藏		3.1	1.2	303	5	1
99	Pokhromskoye	前苏联	俄罗斯	西西伯利亚盆地	1960	1971	9	5	45	19	81	336	2.1	陆上	1312	层状/整装	三角洲相	1	0.81	碎屑岩	15	24	12	四类	弱水驱	构造圈闭为主的边水	干气藏	98	微含硫气藏	低含CO_2气藏		3	1.1	18	5	1
100	Popeye	北美洲	美国	墨西哥湾盆地	1985	1998	11	5	55	23	59	215	2.7	海上	3965	层状/多断块	三角洲相	1	0.65	碎屑岩	55	29	15	二类	弱水驱	构造圈闭为主的边水	凝析气藏	99	微含硫气藏	微含CO_2气藏	5.3	2	1.8	46	5	1
101	Porto Corsini Mare Est	欧洲	意大利		1966	1966	17	1	38	21	16	652	3.7	海上	3300	层状/整装	三角洲相	3	0.25	碎屑岩	33	25	20	四类	水驱	底水	干气藏	100	微含硫气藏	微含CO_2气藏		1.3		100	1	1
102	Porto Garibaldi Agostino	欧洲	意大利		1971	1971	13	2	28	15	45	1246	3.9	海上	2500	块状/整装	三角洲相	1	0.81	碎屑岩	34	22	20	四类	中等水驱	构造圈闭为主的边水	干气藏	100	微含硫气藏	微含CO_2气藏	1	1.8	1.4	217	1	1
103	PortoCorsini MareOvest	欧洲	意大利		1969	1969	3.6	7	34	8	80	390	1.7	海上	1200	层状/整装	三角洲相	1	0.7	碎屑岩	33	25	30	四类	弱水驱	底水	干气藏	99	微含硫气藏	微含CO_2气藏		3.6		140	1	1
104	Przemysl	北美洲	美国		1939	1960	4.8	15	66	12	88	860	2.7	陆上	1750	多层/无主力层	三角洲相	10	0.17	碎屑岩	7	16	35	四类	中等水驱	构造圈闭为主的边水	干气藏	100	微含硫气藏	微含CO_2气藏	1	1.1	0.4	50	5	1
105	puckett	北美洲	美国	二叠盆地	1952	1952	3.6	15	60	30	88	1056	2.7	陆上	4211	层状/整装	三角洲相	2	0.5	碳酸盐岩	46	4	35	二类	弹性气驱	构造圈闭为主的边水	干气藏	71	微含硫气藏	高含CO_2气藏		1.8	1.1	259	5	1.4
106	Punginskoye	前苏联	俄罗斯	西西伯利亚盆地	1961	1966	15	4	60	30	81	600	3.8	陆上	1736	层状/整装	三角洲相	1	0.5	碎屑岩	19	20	20	四类	弱水驱	构造圈闭为主的边水	干气藏	97	微含硫气藏	低含CO_2气藏	0.5	3.1	1.1	200	5	1

续表

序号	区域	国家	盆地	发现时间	开发时间	可采储量采速/%	稳产期末采出程度/%	递减率/%	采收率/%	地质储量/10⁸m³	丰度对数	地理地貌	深度/m	产状	沉积相	层数	净毛比	岩性	原始压力/MPa	孔隙度/%	含水饱和度/%	裂缝类型	驱动类型	边底水	气体类型	含烃量/%	H₂S类型	CO₂类型	油气比对数	地温梯度	压力系数	厚度/m	措施工作量	井网完善程度
107	南美洲	阿根廷	塔里哈盆地	1976	1979	4.9	60	10	60	1189	2.6	陆上	4400	块状/整装	海相	3	0.6	碎屑岩	31	3	50	二类	弹性气驱	构造圈闭为主的边水	干气藏	99	微含硫气藏	微含CO₂气藏	2.2	1.3	1.4	330	9	0.4
108	亚大洲	澳大利亚	卡那封盆地	1971	1984	3.7	38	13	80	4249	4.3	海上	2938	层状/整装	三角洲相		0.6	碎屑岩	31	23	25	四类	弹性气驱	构造圈闭为主的边水	凝析气藏	93	微含硫气藏	中含CO₂气藏	4.8	2.8	1	350	7	1
109	欧洲	英国	北海盆地中部	1984	1990	9.9	54	27	55	510	1.4	海上	2957	层状/多断块	风成沉积		0.6	碎屑岩	31	13	40	三类	中等水驱	构造圈闭为主的边水	干气藏	98	微含硫气藏	中含CO₂气藏	-2	1	1	45	9	0.1
110	北美洲	美国	俄克拉何马盆地	1959	1959	3.5	53	10	31	1415	2.4	陆上	2440	透镜状	海相	2		碎屑岩	31	14	30	二类	弹性气驱	无水	干气藏	100	微含硫气藏	含CO₂气藏	5		1	27	9	1
111	南美洲	玻利维亚	内乌肯盆地	1961	1967	3.3	32	5	72	1133	3.2	陆上	2425	层状/多断块	三角洲相	6	0.24	碎屑岩	11	30	36	四类	弹性气驱	构造圈闭为主的边水	干气藏	90	微含硫气藏	微含CO₂气藏	2.3	4.6	1.2	44	5	1
112	中亚	土库曼斯坦	阿姆河/卡拉库姆	1968	1973	4.9	64	18	80	6060	2.9	陆上	3160	层状/多断块	三角洲相	2	0.78	碎屑岩	36	22	36	四类	弹性气驱	构造圈闭为主的边水	凝析气藏	97	微含硫气藏	微含CO₂气藏	2.3	3.1	1	25	5	1
113	前苏联	乌克兰	顿巴斯盆地	1950	1956	4.2	53	11	95	7112	3.2	陆上	2500	块状/整装	河流相湖相	1	0.52	碳酸盐岩	24	7	50	一类	弱气驱	底水	干气藏	98	微含硫气藏	低含CO₂气藏	2.3	4	1.2	294	9	1
114	中亚	乌兹别克斯坦	阿姆河/卡拉库姆	1974	1980	3.5	58	8	71	5745	3.4	陆上	2788	层状/多断块	三角洲相		0.67	碳酸盐岩	36	13	13	四类	弱气驱	构造圈闭为主的边水	凝析气藏	97	微含硫气藏	低含CO₂气藏	2.1	3.7	1.2	158	5	1
115	欧洲	挪威	北海盆地	1981	1993	5.3	46	9	84	1564	3.3	海上	2453	块状/整装	海相	2	0.9	碎屑岩	28	24	33	四类	弱气驱	构造圈闭为主的边水	凝析气藏	78	低含硫气藏	低含CO₂气藏	6.2	3.7	1	90	5	1
116	欧洲	挪威	北海盆地	1974	1996	6.5	59	9	60	1801	3.1	海上	3375	块状/多断块	三角洲相	3	0.49	碎屑岩	44	20	22	四类	弹性气驱	构造圈闭为主的边水	凝析气藏	93	微含硫气藏	中含CO₂气藏	6.1	3.4	1.2	115	9	1
117	欧洲	挪威	北海盆地	1984	1999	14	51	2	86	1048	2.2	海上	3800	层状/多断块	海相	5	0.5	碎屑岩	48	10	43	四类	弹性气驱	构造圈闭为主的边水	凝析气藏	90	高含硫气藏	中含CO₂气藏	5.7	3.8	1.1	225	9	1
118	亚大洲	澳大利亚	吉普斯兰盆地	1968	1981	3.3	46	7	63	1068	3	海上	1177	块状/整装	河流相湖相	3	0.56	碎屑岩	14	24	10	四类	强水驱	构造圈闭为主的边水	凝析气藏	87	微含硫气藏	微含CO₂气藏	4.8	5.4	1	140	5	1
119	欧洲	德国	西北德国盆地	1980	1982	3.4	70	19	43	709	3.2	陆上	4800	多层/无主力层	风成沉积	3	0.28	碎屑岩	60	11	45	四类	弹性气驱	构造圈闭为主的边水	干气藏	99	微含硫气藏	微含CO₂气藏	2.7	2.7	1.2	67	9	0.5
120	北美洲	美国	墨西哥湾盆地	1980	1988	9	43	17	71	352	2.9	陆上	5318	层状/整装	河流相湖相	3	0.5	碎屑岩	97	18	34	四类	弱水驱	构造圈闭为主的边水	干气藏	92	中含硫气藏	中含CO₂气藏	2.8	3.1	1.8	46	5	0.8

气田：Ramos、RankinNorth、Ravenspurn North、RedOak、RioGrande、Shatlyk、Shebelynske、Shurtan、Sleipner Ost、Sleipner Vest、Smorbukk、Snapper、Sohlingen Main、South Lake Arthur

续表

序号	气田	区域	国家	盆地	发现时间	开发时间	可采储量采速/%	稳产末采出程度/%	稳产期/a	速减率/%	采收率/%	地质储量/10^8m³	丰度对数	地理地貌	深度/m	产状	沉积相	层数	净毛比	岩性	原始压力/MPa	孔隙度/%	含气饱和度/%	裂缝类型	驱动类型	边底水	气体类型	含烃量/%	H₂S类型	CO₂类型	油气比数	地温梯度	压力系数	厚度/m	措施工作量	井网完善程度
121	Stepnovskoye	前苏联	俄罗斯	西西伯利亚盆地	1954	1956	12	71	5	33	82	356	3	陆上	2100	层状/整装	海相	1	0.82	碳酸盐岩	24	15	35	四类	弱水驱	构造圈闭为主的边水	干气藏	99	微含硫气藏	微含CO₂气藏	3.8	2.4	1.1	30	5	1
122	Strachan	北美洲	加拿大	西加拿大沉积盆地	1956	1971	8.7	69	8	31	67	441	2.7	陆上	2804	块状/整装	海相	1	0.82	碳酸盐岩	49	8	10	四类	弱水驱	构造圈闭为主的边水	凝析气藏	93	特高含硫气藏	微含CO₂气藏	4.6	4.1	1.3	224	5	1
123	Stratton	北美洲	美国	墨西哥湾盆地	1937	1937	2.6	73	19	11	80	955	1.8	陆上	2135	层状/多断块	河流相湖相	10	0.3	碎屑岩	22	19	30	四类	弹性气驱	无水	干气藏	99	微含硫气藏	微含CO₂气藏		4.1	1.1	5	10	1
124	Sui	亚太	巴基斯坦	印度河盆地	1952	1955	2	57	20	4	86	3868	3	陆上	1307	块状/整装	海相	10	0.27	碳酸盐岩	14	11	23	三类	弱水驱	底水	干气藏	91	低含硫气藏	中含CO₂气藏	6	5.9	1	242	5	1.1
125	Swanson River	北美洲	美国	库克湾盆地	1957	1958	3.3	69	21	29	81	1075	3.1	陆上	3285	层状/整装	三角洲相	4	1	碎屑岩	39	25	40	四类	弱水驱	构造圈闭为主的边水	干气藏	96	微含硫气藏	微含CO₂气藏	5.9	2.2	1.2	67	5	1
126	Szeghalom	欧洲	匈牙利		1980	1984	7.3	52	6	14	90	87	1	陆上	1972	块状/整装	海相	3	0.58	碎屑岩	32	13	26	一类	弹性气驱	构造圈闭为主的边水	凝析气藏		微含硫气藏	中含CO₂气藏	6	5.9	1.6	23	5	1
127	Tenge	中亚	哈萨克斯坦	南曼吉拉克盆地	1965	1970	11	42	6	26	48	490	2.5	陆上	2085	多层/无主力层	河流相湖相	10	0.6	碎屑岩	17	18	34	四类	中等水驱	构造圈闭为主的边水	干气藏	97	微含硫气藏	微含CO₂气藏	3.9	3.5	1	33	5	1
128	Tommeliten gamma	欧洲	挪威	北海盆地	1977	1988	11	66	6	17	46	209	3.5	海上	3345	块状/整装	海相	2	0.86	碎屑岩	51	21	25	三类	弹性气驱	构造圈闭为主的边水	凝析气藏	96	微含硫气藏	低含CO₂气藏	5.9	3.6	1.5	168	5	
129	Turtle Bayou	北美洲	美国	墨西哥湾盆地	1949	1952	3.8	83	12	23	70	340	3.3	陆上	3111	多层/无主力层	河流相湖相	10	0.25	碳酸盐岩	31	15	20	四类	弱水驱	构造圈闭为主的边水	凝析气藏	97	微含硫气藏	微含CO₂气藏	4.6	2.9	1	6	5	2.5
130	Tyra	欧洲	丹麦	丹麦北海盆地	1968	1984	3.5	69	15	10	63	1010	2.8	海上	1983	块状/整装	海相	2	0.63	碎屑岩	29	35	30	三类	弹性气驱	构造圈闭为主的边水	凝析气藏	99	中含硫气藏	微含CO₂气藏	5.5	3.1	1.5	69	7	0.4
131	Uchkyr	中亚	乌兹别克斯坦	阿姆尔/卡拉库姆	1961	1968	4.9	31	5	9	83	538	0.5	陆上	1368	层状/整装	海相	5	0.5	碳酸盐岩	17	16	18	四类	弱水驱	底水	干气藏	99	微含硫气藏	中含CO₂气藏	3.4	4.6	1	12	5	1
132	Urengoy	前苏联	俄罗斯	西西伯利亚盆地	1966	1978	2.8	30	9	5	70	/	3	陆上	1071	块状/整装	三角洲相	1	0.7	碎屑岩	12	24	35	四类	弱水驱	构造圈闭为主的边水	干气藏	95	微含硫气藏	微含CO₂气藏	2.6	6.7	1.1	179	5	1
133	Venture	北美洲	加拿大	斯科特盆地	1979	2000	4.6	12	2	16	24	663	3.1	海上	4355	多层/无主力层	三角洲相	10	0.24	碎屑岩	85	17	47	四类	水驱	底水	凝析气藏	95	微含硫气藏	低含CO₂气藏	4.8	3.2	1.4	350	1	
134	VermejoMoore Hooper	北美洲	美国	二叠盆地	1973	1973	12	31	1	17	75	172	0.8	陆上	5620	块状/整装	海相	2	1	碳酸盐岩	59	5	20	二类	强水驱	构造圈闭为主的边水	干气藏	95	中含硫气藏	中含CO₂气藏	2.5	2.5		183	5	0.5

续表

序号	气田	区域	国家	盆地	发现时间	开发时间	可采储量采速/%	稳产储量采速/a	稳产末采出程度/%	速减率/%	采收率/%	地质储量/10⁸m³	丰度对数	地理地貌	深度/m	产状	沉积相	层数	净毛比	岩性	原始压力/MPa	孔隙度/%	含水饱和度/%	裂缝类型	驱动类型	边底水	气体类型	含烃量/%	含H₂S类型	CO₂类型	油气比对数	地温梯度	压力系数	厚度/m	措施工作量	井网完善程度
135	vikingA	欧洲	英国	南北海盆地	1965	1972	5.9	5	35	13	89	1085	3.5	海上	2930	块状/整装	风成沉积	4	0.75	碎屑岩	32	14	22	四类	弱水驱	构造圈闭为主的边水	干气藏	97	微含硫气藏	低含CO₂气藏	3	2.6	1.1	147	9	1
136	VueltaGrande	南美洲	玻利维亚		1978	1978	2.8	17	54	6	76	443	2.1	陆上	2150	层状/整装	三角洲相	3	0.52	碎屑岩	22	15	45	四类	弹性气驱	构造圈闭为主的边水	干气藏	90	微含硫气藏	微含CO₂气藏	4.3	2.9	1	220	5	1
137	Vuktyl	前苏联	俄罗斯	蒂曼佩乔拉盆地	1964	1969	4.2	9	52	18	85	4953	2.7	陆上	2930	块状/整装	海相	4	0.35	碳酸盐岩	37	11	45	一类	弱水驱	构造圈闭为主的边水	凝析气藏	94	低含硫气藏	低含CO₂气藏	6	1.4	1.2	170	5	1
138	Vyngapurovskoye	前苏联	俄罗斯	西西伯利亚盆地	1968	1977	4.2	12	53	11	81	5268	2.5	陆上	3080	层状/多断块	三角洲相	10	0.81	碎屑岩	32	19	41	四类	弱水驱	构造圈闭为主的边水	干气藏	99	微含硫气藏	低含CO₂气藏	6	2.4	1	72	5	1
139	Waterton	北美洲	加拿大	加拿大落基山脉褶皱及冲断带	1957	1960	4.9	8	56	7	64	1443	3.3	陆上	2745	多层/无主力层	海相	10	0.29	碳酸盐岩	33	4	15	三类	弱水驱	构造圈闭为主的边水	凝析气藏	95	微含硫气藏	中含CO₂气藏	6	2.1	1.2	46	9	1.9
140	WestSole	欧洲	英国	南北海盆地	1965	1967	3.1	14	51	6	77	719	2.3	海上	2700	块状/整装	河流相/湖相	4	0.75	碎屑岩	29	12	40	三类	弹性气驱	底水	干气藏	97	微含硫气藏	低含CO₂气藏	2	2.8	1.1	97	9	1.1
141	WhitneyCanyon CarterCreek	北美洲	美国	大绿河盆地旁	1977	1982	3.9	17	65	10	56	1274	2.8	陆上	4209	多层/无主力层	海相	3	0.35	碳酸盐岩	42	7	25	三类	弱水驱	构造圈闭为主的边水	凝析气藏	76	特高含硫气藏	中含CO₂气藏	4.7	2.1	1	80	5	3.2
142	wilburton RedOak	北美洲	美国	阿克玛盆地	1987	1987	25	1	49	33	41	220	2.5	陆上	4258	块状/整装	海相	1	0.29	碳酸盐岩	44	1	40	三类	中等水驱	底水	干气藏	99	微含硫气藏	微含CO₂气藏	2.8	2.8	1	198	9	2.1
143	Yamburg	前苏联	俄罗斯	西西伯利亚盆地	1969	1986	3.5	12	47	6	71	/	2.6	陆上	988	块状/整装	三角洲相	10	0.4	碎屑岩	30	27	30	四类	中等水驱	底水	凝析气藏	99	微含硫气藏	低含CO₂气藏	5.4	5.1	1.4	44	5	1
144	zuidwal	欧洲	荷兰	弗里兰盆地	1970	1988	10	5	55	24	62	258	1.9	海上	1925	块状/整装	三角洲相	5	0.65	碎屑岩	19	18	50	三类	弹性气驱	构造圈闭为主的边水	干气藏	98	微含硫气藏	低含CO₂气藏	3	2.6	1	79	9	1

附录2 符号说明表

第二章理论推导涉及符号如下：

v，采气速度，%；

T，稳产期，a；

R_{pesp}，稳产期末可采储量采出程度，%；

ω，递减率，%；

ER，采收率，%；

ER-economic，经济极限采收率，%；

A，单井评价单元内控制的面积，km^2；

d，气井年生产时间，d；

K，储层渗透率，mD；

p_{ei}，气田原始地层压力，MPa；

p_{eesp}，稳产期末平均地层压力，MPa；

p_{wfmin}，最小井底压力，MPa；

q，单井日产量，$10^4 m^3$；

r_e，单井控制等效半径，m；

r_w，等效井筒半径，m；

S_{gi}，天然气原始饱和度，%；

Z_{ei}，原始地层压力时天然气偏差系数；

Z_{esp}，稳产期末天然气偏差系数；

ϕ，孔隙度；

μ_{esp}，稳产期末地层天然气平均黏度，$mPa \cdot s$；

n，井数，口；

a，分别为采气速度 v 和剩余储量（$1-R_{psp}$）^{2} 关系曲线上的斜率；

b，分别为采气速度 v 和剩余储量（$1-R_{psp}$）^{2} 关系曲线上的截距；

p_e，外边界压力，MPa；

p_{wf}，井底流压，MPa；

$\bar{\mu}$，平均黏度，$mPa \cdot s$；

$\bar{Z}$，平均真实气体偏差系数；

K_e，有效渗透率，mD；

h，地层厚度，m；

S，表皮系数；

D，非达西流系数，（$10^4 m^3/d$）$^{-1}$ 或（m^3/d）$^{-1}$；

S，常规表皮系数；

G_w，单井范围内储量，$10^8 m^3$；

$\bar{p}_{esp}$，平均地层压力，MPa；

T_{ei}，原始地层压力时温度，K 或 ℃；

T_{esp}，稳产期末地层温度，K 或 ℃；

FNPV，累计净现金流；

C_I，现金流入量；

C_o，现金流出量；

FIRR，内部收益率；

NPV，净现值；

G_f，气田地质储量，$10^8 m^3$；

A，单井评价单元内控制的面积，km^2；

T_{sc}，气体在标准状态下的温度，K 或 ℃，等于 293.16K 或 20℃；

p_{sc}，气体在标准状态下的压力，MPa；

CT_{fixed}，固定成本总支出；

P_{price}，气价；

$c_{varible}$，可变成本。

下标：

e，外边界；

wf，表示井底流动状态；

esp，表示稳产期末时的；

w，表示井底的；

ei，表示原始底层状态下的；

sc，表示标准状态下的；

gi，表示气体的原始状态下的；

min，最小。